乳酸菌革命

菌やウイルスを
殺してはいけません
生物はウイルスによって進化し
バクテリアによって
守られているのです

中国科学院教授
人類遺伝学博士
金 鋒
Jin Feng

評言社

作家の張承志氏が40年前下放して一緒に暮らした草原の家族との写真
左から4人目が筆者（張氏撮影）

100歳を過ぎた新疆ウイグル・ホタン県長寿村の老人（老人の前にある黒い容器は胡桃をつぶす木製の盆。主食のナンや、胡桃の粉や唐辛子のラーメン、ブドウなどを食べる）

①発酵乳とチーズを鍋から移す

②水分（発酵乳精）を濾過する

③石をのせて、さらに乳精を搾る

④翌日、搾った発酵乳とチーズが豆腐状になる

馬乳酒をつくる。馬乳は1日で乳酸菌発酵し、アルコール度2.5～3%の飲料ができる。NS乳酸菌はこの馬乳酒からも採取

野生の葱を乳酸菌で発酵させた漬物。草原では唯一繊維質を含んだ保存食で四季を通して食べられる

①ティップでバクテリアのコロンを採取して、培地入りの試験管に入れる

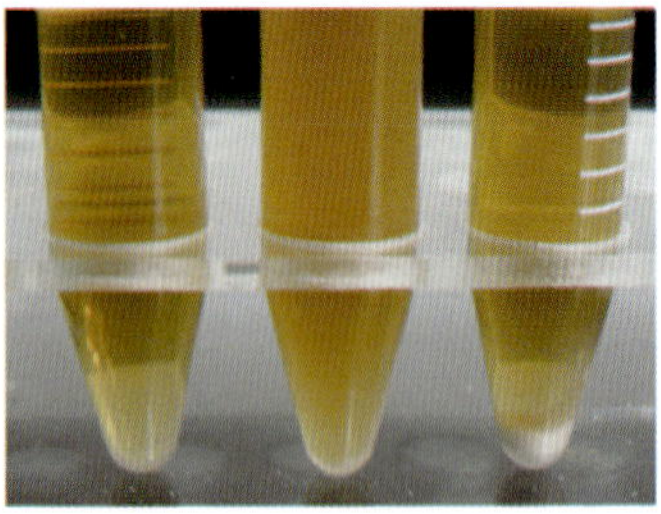

②培地にバクテリアの単菌を入れて、37度で揺らしながら培養する。培養がうまくいくと4〜5時間後、培地が混濁してくる

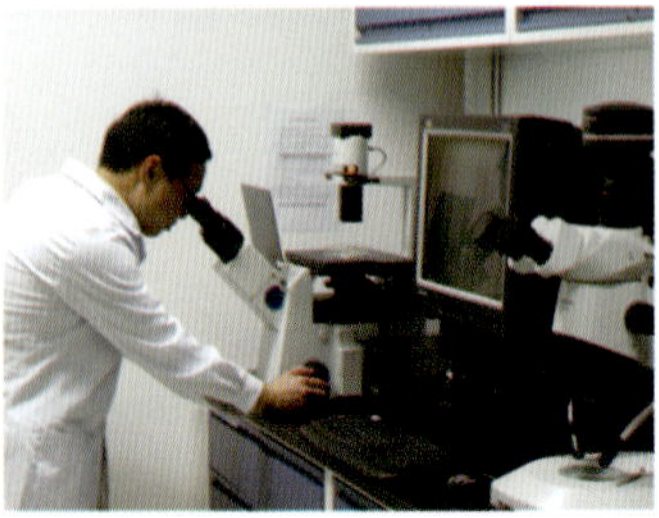

③顕微鏡で純粋菌の形を確認する

④タンパク質、炭水化物で培養する

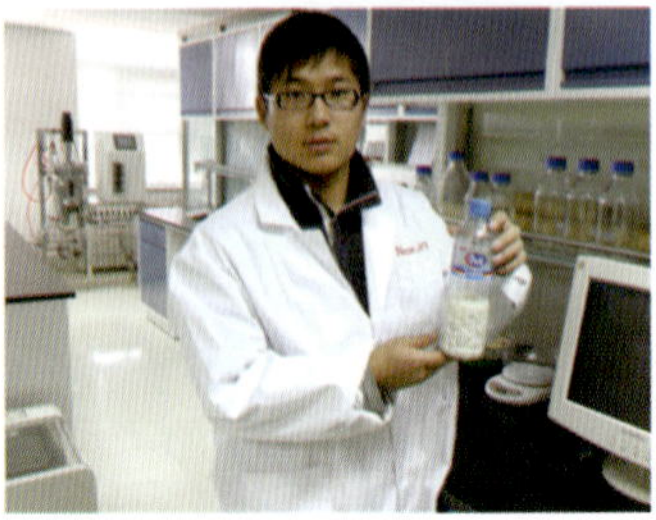

⑤乳酸の分析をして、さらに遺伝子を調べ、菌の種類と名前を特定する

⑥研究室のスタッフ（右から3人目が筆者）

はじめに

共生という概念は誰にでもあると思います。例えば、環境を大事にすると、森を破壊してはいけないなど、いろいろなことが見えてきます。時々テレビに映される海の中で、獰猛（どうもう）なサメが悠々と泳いでいると、からだの周りに小さな魚がたくさんくっついて、一緒に泳いでいるシーンがあります。これが「共生」という概念を一番よく表現していると思います。サメは餌がとれなくても一緒に泳いでいる小さな魚を餌にしようとはしません。サメが食事をした後に、体や口内を掃除してくれるのが、小さな魚の役割だからです。

獰猛な人間の周りに付いている動物といえば、遊び友達の犬や猫くらいしか思い浮かばないでしょう。しかし、本当に共生して私たちの体にくっついているのは、人間の細胞の数の１００倍もいる微生物なのです。

微生物とは、バクテリア（細菌）、ウイルス、真菌及び極小原生動物などを含めた総称で、本書で主に取り上げている乳酸菌はバクテリアの一種です。

脳が著しく発達してしまった人間は、自分の脳しか信じなくなってしまっています。目に見えないものは、その存在すら認めようとしません。そして、人間がこの世界を支配しているのだと錯覚しています。しかし実際は、地球を支配しているのは、人間ではなくバクテリアだというのが、私の実感です。地球上最も多い生命体はバクテリアです。

物質的に豊かになった今日、特に都会の人間は、飽きるまで食べます。飢えを逃れるためではなく、目的もなく食べる人間は、まさに脳の赴くままに、体のことは少しも考えずに食べる人が多くなっています。

脳は「考える細胞」を集めたところです。「考える細胞」といえば、人間の消化道にも、考える細胞が脳と同じくらい存在します。人間はふたつの脳を持っているといっても言い過ぎではないのです。死亡とは、体が死ぬということを意味しますが、脳死しても人間が死んだと認めない国は多くあります。しかし、消化道や心臓が死んだら、死を認めない人はいません。添加物や防腐剤といった有害物質が入った食品をいつも食べるのは、第1の脳（頭脳）が第2の脳（腸脳）を騙して虐待しているということに他なりません。その攻撃から私たちの命を守ってくれるのは、消化道の中のバクテリアです。バクテリアの働きがないと、常に感染症にさらされることになります。

数の上では、99％のバクテリアに対して1％の細胞というバランスで、人間は正常な生活を送ることができます。しかし、残念ながら99％の人は、バクテリアの重要性を認識していません。人間の手足がなくなれば不便ですが、生き続けることはできます。しかし、バクテリアが体からなくなれば、あっという間に死んでしまうことは間違いありません。そのバクテリアが最も多く棲息している私たちの腸にとっては、バクテリアはペットだともいえますが、ペットには正しいエサを与えなければなりません。

バクテリアの研究をし始めてから、友人や研究室への来訪者から、たくさんの質問をもらいました。

「バクテリアは心理的な健康と何か関係ありますか？」

この答えは細かく説明する必要があります。本書を読んで理解していただきたいと思います。

私は当初、バクテリアの研究は病気の治療を目的としてスタートしましたが、いまでは、想像を超えて様々な分野に応用することができました。細かいリストは、私のいままでの研究や、発表した論文をもとに以下に書きますが、数え切れない他の用途は、読者が本書を読んで考えてみていただければと思います。

人々の心理的な健康と生理的な健康をバクテリアで守ることができます。

糖尿病の予防と治療をバクテリアでできます。

老人痴呆はバクテリアで予防できます。

がんの予防はバクテリアが一番だと考えられます。

消化道の感染症をバクテリアで予防と治療ができます。

自閉症、ストレス、イライラなどをバクテリアで治療できます。

いろいろな生活習慣病をバクテリアで治療できます。

体あるいは顔の美容にはバクテリアがどんな化粧品よりも優れています。

アトピー性皮膚炎や水虫などにはバクテリアが薬より効果的です。

細菌戦争及びバイオテロの際、一番助けになるのは、いいバクテリアです。

食べ残した食品の保存には、バクテリアが一番安全、確実です。

食べ物の加工と保存には、バクテリアが一番効果があります。

はじめに

バクテリアで発酵した食べ物を食べた事がない人は、この世界にいません。
汚水の処理にはバクテリアが一番早く、汚染もなく、安全です。
温暖化ガスのコントロールは、バクテリアが最も活躍します。
人間のすべての感染症や複雑な病気の予防には、バクテリアが活躍します。
作物の病害、虫害などには、バクテリアで安全な噴霧剤をつくれます。
養殖の病原菌及びウイルスの予防、抗生物質の不使用につながります。

まずは本書を読んでみてください。バクテリア（乳酸菌）にはいろんな可能性があることがわかります。

金鋒

※株式会社健康いきいき倶楽部が販売している乳酸菌商品「乳酸菌革命」は、本書の内容及び本書で紹介するＮＳ乳酸菌とは一切関係がございません。

もくじ◎乳酸菌革命

第三章　NS乳酸菌の開発

カバーデザイン／関原直子

第一章　乳酸菌との出会い

1　SARSから始まった

世界を震撼させたSARS

2003年2月、アメリカのビジネスマンが中国からシンガポールへ向かう飛行機の中で、肺炎に似た症状を起こしました。飛行機はベトナムのハノイに着陸しましたが、この旅行者はハノイの病院で死亡してしまいました。さらに、彼の処置に当たった医師や看護師が同じ症状を示し、何人かが死亡しました。

このニュースは世界を震撼させたことは多くの人の記憶に残っています。

SARS（Severe Acute Respiratory Syndrome）——重症急性呼吸器症候群と呼ばれたこの新型肺炎は、SARSウイルスによって引き起こされ、東アジアを中心に広がり、世界を恐怖に包みました。結局、SARSは七月に制圧宣言が出されましたが、その間、約8000人が感染し、およそ10％が死亡しました。

SARSは、中国で当初「非典」（非典型性肺炎）と医師たちから呼ばれていました。広東省で発生して、北京でも猛威を振るっている最中、ある友人が私の研究室に電話をかけてきました。

友人の話によると、彼も「非典（ＳＡＲＳ）」に感染して、とても苦しい何日かを過ごしましたが、たまたま日本人の友人からもらった乳酸菌を毎日鼻に入れているうちに、肺炎が治ってしまったということでした。友人は、その乳酸菌のことを調べてほしいと言ってきたのです。しかし、遺伝子の専門家である私は、その時、友人の話にたいした興味もおぼえませんでした。噂によると、当時、中国の衛生部には、民間から３０００以上の「処方箋」が寄せられたとのことでした。その一つひとつを突発事件の最中にテストすることは、誰もできませんでした。でもその友人は、私の研究室に乳酸菌のサンプルを送ってきたのです。届いたサンプルを開けて少しなめてみると、酸っぱい味がしたのをいまでもおぼえています。

ヒトゲノムの解析でわかったこと

乳酸菌といってもその種類はとても多いので、私の研究室の大学院生である張伝芳氏に渡して、もらった菌の遺伝子解析をしてもらいました。実験の結果、それは、発酵乳酸桿菌（Lactobacillus Fermentum）と糞腸球菌（Enterococcus faecalis）の2種類の乳酸菌が混ざったものだということがわかりました。

ちょうどその頃、隣の研究所に勤務する人がＳＡＲＳに感染した疑いが出てしまいました。感染の拡散を防ぐために、私達も研究所から外に出られなくなってしまいました。期せずして充分な時間ができたので、私はそれからおよそ1週間、インターネットなどで乳酸菌のことを調べてみました。その中で見つけたアメリカの雑誌に発表された論文はとても興味深いもので、友人の言ったことは可能性があると考えるようになりました。

当時、私は遺伝子の研究者でした。多くの研究者と同じように、人間の姿形や病気は、すべて遺伝子に書かれてある人間の設計図どおりになっているとし、遺伝子を解明することで、病気の予防や治療が完全にできるようになると考えて研究に没頭していました。特に90年代は遺伝子の研究の全盛期で、「火傷以外、すべての病気は遺伝子が原因」という言葉さえ飛び交った時代でした。そして、２０００年前後に、人類は悲願だったヒトゲノムの解析を終えました。

しかし、ヒトゲノムの全貌が解析されても、結局、人間から病気をなくす方法の糸口さえ見つからなかったのです。皮肉にも遺伝子が解析されてわかったことは、遺伝子ですべてが決められているのではないということでした。確かに、遺伝子は人間の形をつくります。体の丈夫さや毛の数などは遺伝子と関係がありま す。しかし、より細かいことは遺伝子以外の要素で決められているのです。ヒトゲノムが解析されて10年以上も経ちましたが、病気の原因を解明する道のりはまだはるか遠いのです。

人の性格を決めるバクテリア

大豆や小麦などは、親とそっくり同じ形になります。しかし人間は、同じ親から生まれても全く違う人間になります。同じ兄弟姉妹でさえ、性格も大きく違うし健康のレベルも違って、病弱な人と健康な人に分かれることもあります。

『腸内細菌の話』『腸内菌の世界』『老化は腸で止められた』などの著作で知られる光岡知足博士（東京大学名誉教授・日本ビフィズス菌センター理事長）の本には、とてもユニークな研究と発見が書いてあります。

同じ病院で同時に生まれた子供を追跡調査すると、同じ家族の兄弟姉妹より性格が似ているというものです。こういう研究は誰も発想できないものですが、とても意味深いものがあります。人間の性格を決めるのは何かという命題になるのです。いままでの常識では、人間の性格は主に遺伝子で決まり、環境や社会の影響も少なくないという考え方が一般的です。しかし、そもそも気が長い、短いというのを決めるのは何でしょうか？　光岡博士の研究が伝えていることは、それは遺伝子ではなく、バクテリアだということです。人間の性格や生活は、私達が考えているよりはるかにバクテリアと深い関係があるということです。

先の同じ病院でほぼ同時期に生まれた子供達は、同じバクテリアの環境を経験して以後、そのバクテリアの影響を生涯持ち続けているということなのです。

植物は動かないので接触するバクテリアも限られています。動物は動き回るため、より広い範囲のバクテリアと接触しますし、さらに雑食性をもつ人間が接するバクテリアは大変多様で数が多い。

光岡先生の本を読みながら、私はだんだんバクテリアに強い興味を抱くようになりました。人間の目に見えない極小の世界が、人間にこんなにも大きな影響を与えているということに驚いたのです。

私が生命科学の研究を始めたのは20代前半、中国科学院の遺伝研究所の図書館に勤めた時でした。自分の健康のためにもと考えて生命科学を学んだのですが、当時はすべての病気は遺伝子と関係があるに違いないと考え、遺伝子の勉強から始めました。最初は来る日も来る日も、本を読んではノートをとるという日々でした。それから病気と遺伝子の関係を調べ、染色体の異常について研究し、最後は集団遺伝学の研究に移りました。

遺伝子の世界には、ハーディ・ワインバーグ平衡という理論があります。これは、数学者と生命科学者が同時に見つけだしたバランスですが、遺伝的な病気のある人をわざわざ結婚させたり、逆に結婚を禁止したりしないで、普通の人と同じように結婚し、子供をつくったら、何百年、何千年でも、遺伝子が原因で病気になる人の確率は変わらないというものです。この事実があっても、現実に多くの人が病気になっているのです。私は、遺伝子の研究に行き詰まりを感じていました。そうした時に、乳酸菌に出会ったのです。

2　豚の実験

豚と人間は似ている

乳酸菌に関する論文を千本以上読むと、人間はこのような菌と共生共存すると、病気になりにくくなるのではないかという仮説を持ち始めました。

ＳＡＲＳに感染して肺炎になり、たまたま日本人からもらった乳酸菌で肺炎が治ってしまったという友人に、私はこう返事しました。

「私は人類生命科学の研究者ですが、すべての研究は、すぐに人間にテストすることは許されません。ＳＡＲＳという病気は豚にもあるので、まず豚を使って実験して、効果と安全性が確認できたら人間に応用することを考えましょう」

そして、ＳＡＲＳが一番猛威を振るっていた２００３年の春先、私の乳酸菌の研究がスタートしたのです。

当時、豚の実験のために北京と広州（広東省の省都）の間を行ったり来たりする必要がありましたが、北京市民のＩＤを持つ私は、広州では歓迎されませんんでした。なぜなら「非典（ＳＡＲＳ）」は最初、広東省で発生し、その後世界中に広がるまでは、中国の中心地である北京市が一番被害の大きいところでした。

２００３年3月から、北京市のホテルでは「広東省ＩＤの住民は断ります」という貼紙が、あちこちに貼られました。広州で同じように北京市民が排除されました。私は、それでも豚の実験のために広州へ行かねばならないので、友人の身分証明書を使ってホテルに入りました。いまでも思い出すと笑いが込み上げてきますが、中国の古い諺に、カラスが豚の体を見て、「お前、真っ黒だね」と馬鹿にするという話があります。自分の黒さには気付かないのです。

なぜ豚で乳酸菌の実験を行うのかといえば、豚は雑食動物であるので雑菌が多いからです。不浄だという理由で豚肉を食べてはいけないのはイスラム系だけではなく、ヒンドゥ教、ユダヤ教でも豚を食べないようにしています。アメリカの基準では、冷凍肉の保存期間は、ビーフが3カ月、マトンが6カ月に対して、ポークは2カ月しかありません。

何でも食べる雑食動物という点では、人間と豚はよく似ています。内臓の消化の系統と生活習慣も似ています。腸内菌もほとんど同じような菌が同じような

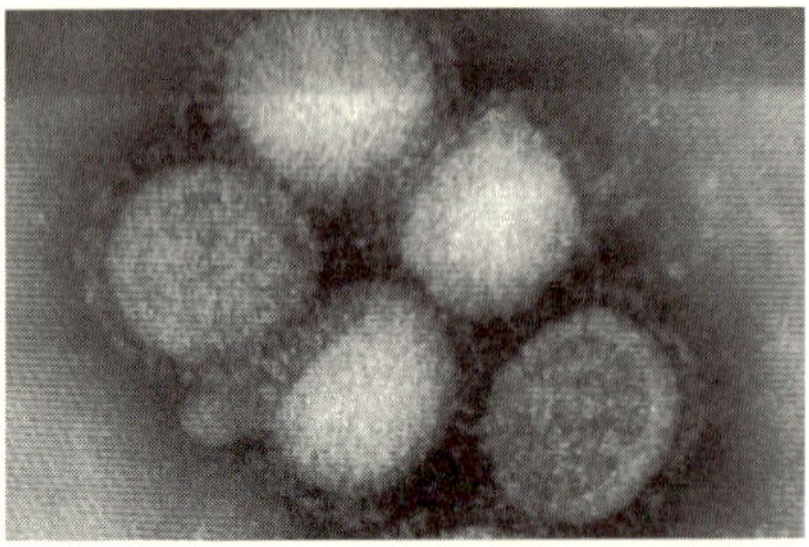

全世界を震撼させた豚インフルエンザウイルス
(H1N1 ウイルス)

割合でいます。じつは人間に最も近いとされる猿でさえ、豚ほど似ていないのです。猿の食べ物は、人間が餌付けしなければとてもシンプルです。養豚では、いい肉をつくるためにいろんなものを混ぜて食べさせます。豚の実験で得られた結論はすべて人間に応用できます。乳酸菌によって豚の病気が治れば、人間のモデルとして反映させることができると私は考えています。ネズミの実験より、豚の実験でいい結果が出たら、一番説得力があると思います。

また、豚は罹る病気も人間と似ています。豚も喘息になりますし、ブルーイヤーと呼ばれる高熱を出す病気もあります。下痢にもなります。SARSはもちろん、人間に感染する風邪は豚にも感染します。昔は鳥インフルエンザはなく、人間と豚のインフルエンザだけがあったのです。

2~3週間で豚の病気が治った

こういう基本的な前提のもとに、まずは一番病気の多い養豚場で実験をすることにしました。適当な養豚場を探した結果、広州の花都と清遠の二つの農場で始めることにしました。あえて近代的な設備の整っていない、汚れの酷い農場を選んだのです。そこは1キロメートル離れた場所からでも、養豚場があることがわかるほど臭いが酷いところでした。

当初、その農場の主人は私達の実験をなかなか許可してくれませんでした。しかし、その豚舎の病気の死亡率が70%にも及んでいて、主人も手の施しようがなかったので、やがて仕方なく私達の申し出を受け入れてくれました。

それから、何カ月間かかけて実験を繰り返しました。実験は大成功でした。まず、わずか2~3週間で病気が治りだしたのです。最終的には、豚の死亡率は自然死亡率といえる5%まで低下させることが出来ました。加えて、病気が治るだけでなく、その豚の肉を食べると、皆一様に驚きました。これまでの肉よりはるかに美味しかったのです。

さらに不思議なことは、乳酸菌を与えた豚の行動でした。豚舎で人間が豚に近づくと、ふつう豚は大騒ぎして一目散に人間から遠ざかろうとして、一番遠い隅っこに山なりになってしまいます。ところが、乳酸菌を与えた豚はとてもおとなしくなり、人間が入っていってもほとんど気にする様子もなくじっとしています。わずかに目を開けて見るくらいなのです。すぐ近くにあった別の豚舎（乳酸菌を与えていない）とは、あらゆる面で驚くほどの違いがありました。

通常飼育の豚舎では、人間が立ち入ると豚は一目散に逃げてしまう

乳酸菌を使った飼育では、豚が人間に寄ってきておとなしくエサを待つ

養豚場にセーターを着て入ると、2回洗濯しても臭いがとれないのですが、我々の実験場にセーターで入っても、誰も気付かないほど臭いがつきません。

特に冬場は、保温のために豚舎の窓を閉めたほうがいいのですが、現実は酸素が足りなくなるため、窓を開けて臭いを外に出さないと豚が中毒になってしまいます。でも、私達の実験豚舎では、窓を閉めても大丈夫でした。シャッターを下ろして、光が入らない豚舎で、豚は食べたらすぐに寝て、また食べてというのを繰り返し、成長が早くて無駄がありません。豚同士で喧嘩をすることもなく、じっとしています。

私達が実験した豚舎は全く臭いがしなくなったので、近所の農家達は、豚糞を買いたいと言ってきました。私達は当初、糞尿処理場をつくろうとしていたのです。農家達はエビや魚の養殖のエサにするために、毎日毎日トラクターで豚糞を買いに来て、処理場をつくるどころかかえって足りなくなるほどでした。この豚糞を使ってエビや魚の養殖をすると、やはり水を汚染することなく、水産動物の成長が早くて病気にもならなかったのです。

なぜ肉質が良くなったのか

肉の性質を調べるために、日本の食品分析センターに豚肉を送って、成分の分析調査をしてもらいました。検査担当の人が「これは、どこの肉ですか?」と何度も尋ねるので、「どうしてそんなことを訊くのですか?」と私は逆に質問しました。

彼はこう答えました。

「生肉としては、こんなにいい肉をいままで見たことがないので、どこの肉か知りたいと思ったのです」

食品分析センターで測定した数値では、私達の実験農場の豚肉は、タンパク質は日本の通常の豚肉が10・05%であるのに対して、その2倍以上の21・68%でした。美味しさをつくる天然化学物質であるイノシン酸は、日本の標準豚肉が

0・009％に対して、鹿児島の黒豚は0・04％、私達の豚肉は、その黒豚と比べてもはるかに高い数値で0・17％でした。黒豚の4倍以上、標準豚の18倍以上です。さらに、天然味の素といえるグルタミンは3・38％含まれていました。

私達は、なぜ肉が美味しくなるのか、どうして豚が喧嘩しなくなるのか、またはなぜ豚舎が匂わなくなるのかをさらに研究しました。

豚舎の空気をシリンジで収集して検査すると、硫化水素、アンモニアがほとんど検出されないことがわかりました。硫化水素やアンモニアは、本当に酷い臭いがしますが、一方でこれらはアミノ酸の原料なのです。体内で硫化水素とアンモニアに水を加えるとアミノ酸ができます。つまり良質な肉になるのです。硫化水素とアンモニアを糞として出してしまわずに、きちんと消化して、アミノ酸にして肉にするのが、この乳酸菌の働きだということが判明したのです。

さらに私達は、華南農業大学で畜産の研究をしている人達に頼んで、公的な独立養豚のテストを依頼し、科学的なデータを取ってもらいました。実験の結果、エサも14・7％節約できることがわかりました。

2004年4月、日本でいえば農林水産省にあたる中国の農業部の専門家たち

マレーシア農業大臣へのプレゼンテーション

が視察に来ました。当初、どうしてこういう結果が出るのかが彼らには理解できませんでしたが、私が会議で説明し、華南農業大学の教授達もエサの節約について説明しました。豚肉が美味しくなり、内臓のかたちも綺麗だということも報告しました。中国で主に使われる6種類の抗生物質もすべて未検出でした。専門家達は大変驚いて、報告書に「世界一の革命だ。完全に有機豚になった」と結論づけてくれました。

その後、この実験の成果は、中国国内はもとより、日本、アメリカ、マレーシア、シンガポールでも発表されました。いまでは、中国の養豚の10%は乳酸菌による発酵エサを使っています。でも、発酵エサを使っている人達は、意味をきちんと理解して使っていないようです。

各国の研究者が養豚場を視察

日本では無菌豚あるいはＳＰＦ（specific pathogen free）豚というのがありますが、そもそも、自分の体の細胞の１００倍以上もある菌をすべて殺すというのは、あり得ないことで、そういう環境で動物が生きることは不可能です。また、病原菌（pathogen）を絶対に付けない飼育環境は、誰にもつくることができないことも事実です。実際は、コマーシャル上のイメージに過ぎませんし、それに使う膨大なエネルギーコストを考えても、決していい方法とはいえません。

3　バクテリア（細菌）との共生

人間はバクテリアに覆われている

人間の細胞数は60兆個あると言われています。同時に、人間と共生している微生物の数はその１００倍以上にもなります。この事実は、他のすべての生命体も同じだと考えて間違いはありません。微生物の中にはバクテリアもあるし、ウイルスも少なくありません。通常、バクテリアは人間の表面しか分布しない微生物ですが、ウイルスは人間の組織や細胞の内部に入れるものです。

すべての生命は共生共存の関係があります。人間はふだん、自分が依存する生命体、つまり環境をつくる森や食糧を与えてくれる植物、タンパク質を得る動物のことしか頭に入っていません。しかしもっと大事なことは、人間の体の表面にバクテリアを付ける必要があるということです。私達の空気の入口である鼻から肺まで、食べ物の入口である口から出口の排泄口まで、外耳から中耳まで、外生殖道から子宮頚まで、想像できないほどの量のバクテリアが分布しています。

口から肛門までの消化道は竹輪みたいなもので、その内側も人間の〝表面〟といえますが、肌はもちろん、呼吸道や、生殖道、目や耳も全部人間の表面です。人間の表面を守るというのは、表面が汚れず、腐食されないということだと理解すればいいのです。机や家具などには、木の表面を汚さないために塗料が塗られます。鋼鉄も錆びを防ぐためにペンキなどでコーティングしなければなりません。人間もまったく同じで、体の表面をバクテリアでコーティングしないと、体を守ることができないのです。そのバクテリアの状態をベストに保てば、もっと人間は健康になれるのです。逆にそれができないと、いろんな雑菌が繁殖して、感染しやすくなります。

例えば、若い松の木の表面にはキノコができないのですが、古くて表面がざらざらした木にはキノコが生えやすいのです。人間も同じで、肌がきちんといいバクテリアでコーティングできていないと、寄生する悪い菌が出てきます。毎日、肌を化粧品や石鹸、エタノールなどで覆っていると、表面のいい菌が死んで、真菌（カビ）に感染しやすくなるのです。人間のアトピー性皮膚炎は、木に生えるキノコと同じ症状といえます。遺伝子とは全く関係のない感染症なのです。

最近、中国の新聞で「トイレのふたよりも汚い」という記事がありました。台湾で行った研究ですが、ＡＴＰ冷光装置で菌の数を調べると、トイレのふたの菌の数よりも、私たちが身近に使っている物のほうがはるかに菌の数が多いというものです。例えば、トイレのふたには1センチ四方の中におよそ10万個の菌がいるのに対して、剃刀は１２０万個以上の菌がいます。さらにマスクは30万個、歯ブラシは25万個、その他、タオル、マイク、枕カバー、ヘルメット、パソコンのキーボードにいる菌の数は、いずれもトイレのふたよりも多いという研究報告でした。

この記事の最後には、専門家のアドバイスまでありました。見えない菌がたくさんいて、病気の心配があるので、歯ブラシは毎日きちんと洗って、なるべく日光に当てて乾燥させて、３カ月に一度は交換したほうがよいとか、タオルも40日使ったら新しいものと交換したほうがいいと書かれてありました。新聞に書かれた言葉は、すべて「何々より汚い」とのことでした。

「トイレのふたより汚い」というキーワードをグーグルで検索すると、中国語で5万件、日本語だと20万件もヒットします。それほどトイレのふたというのは汚いものの代名詞になっていますが、こういう考え方こそ大きな間違いなのです。

　歯ブラシや剃刀に付いている菌は、もともと人間の体に付いていた菌なので、舐めても問題はありません。食器についた菌のせいで、ご飯を食べて下痢や病気になる確率は、交通事故にあう確率よりはるかに低いのは言うまでもありません。菌の数が多いから安全じゃない、病気になるという考え方は本当に困ります。

　昔、戦場で傷ついた兵士を手術するときに、医者がナイフで腐った肉を切り落とすのではなく、ハエの幼虫に食べさせるという方法をとりました。ハエの幼虫は腐った肉しか食べないので、傷口を綺麗にできるのです。ハエは汚いものだという固定観念がありますが、これも菌と似たような例だといえます。

　バクテリアが多いと汚いということは決してありません。食べ物の中で一番菌が多いのはヨーグルトとチーズで、次は納豆・味噌等です。さらに、生醤油、酢と続きますが、生菌が多いほど美味しくなります。発酵食品の菌の数は、トイレのふたの100倍以上です。誰も「汚い」とは言いません。

　人間の乾燥した皮膚の上は、1センチ四方に1000個以上、湿潤した部分では100万個以上の菌があります。胃の中は強酸である胃酸があって少ないのですが、それでも1万個くらいいます。口と喉では、1ミリリットルの唾液・分泌液で100万〜10億個の菌がいます。また、バクテリアの密度が最も高いところは大腸の中で、1グラムに1兆個以上の菌がいます。

バクテリアが外敵から人体を守っている

もともとすべての人間はウイルスやバクテリアに感染しやすいものです。感染するかどうかは、人間の表面をバクテリアできちんと守れるかどうかにかかっています。ちょうど、地球の表面をオゾンガスが守っているようなものです。オゾン層に穴が空けば、紫外線が入ってしまいます。抗生物質や殺菌剤などの殺菌によって、人間の表面のバクテリアコーティング層に穴が開きます。そうすると、有害な病原微生物が付着して感染しやすくなるのです。

実際は、菌が原因で病気になるよりも、潔癖症で、いつも体を殺菌している人のほうが病気にかかりやすいのです。石鹸で手の菌を洗い落とすという考えもおかしいものです。どんなによく洗っても菌が完全になくなることはありません。殺菌力のある洗剤で私達の体を洗うことは、水が汚染されるだけでなく、私達の表面をコーティングしているいい菌も殺してしまうので大きな問題です。中国ではセーフガードという名前の殺菌石鹸が売られていますが、この石鹸こそアトピーやアレルギーの原因になるので、使ってはいけません。

腸内菌全体の重さは、2キログラム以上にもなると言われていますが、腸にバクテリアが多いのは、とりもなおさず、ここに栄養と水分が多いからです。これはつまり、肌に腸ぐらいの水分と栄養があれば、肌のバクテリアを増やすことができるということです。肌にミルクとか豆乳を与えると、肌をコーティングするバクテリアが増えて、薬や化粧品にたよる必要がなくなります。

肌の上は薄い膜になっているにすぎず、限られた栄養しかなく生育環境は厳しい。ですから、肌の病気を治すためには、薬を塗ってバクテリアを殺すのではなく、いい栄養を入れて、いい菌を増やせばいいのです。アトピー性皮膚炎の場合も、肌にミルクや豆乳を与えると、症状の改善が見られます。毒に感染したら、もっと強い毒を入れるというのは、間違った考え方です。

アメリカの学者の研究によると、人間の表面には500から1000種類のバクテリアが付いているといいます。バクテリアの種類と数が多ければ多いほど、病気に対する適応レベルが高いといえます。バクテリアの種類と数が少ないために、新しいバクテリアがやってきた時に、それに対して抗体を持っていないと、過敏症を引き起こすことになります。

多くの病原菌は、ふだんは人体に悪影響を及ぼすようなことはしないのですが、それを体に乗せすぎると感染症になります。下痢の原因もそうした理由です。バクテリアに長く感染しているとがんになる可能性も高くなります。結核菌によって肺結核になり、それが長引くと、肺がんにまで進行してしまうことがあります。それは、タバコを吸っているよりはるかに可能性の高いことです。逆に、人体に有益な作用をもたらすプロバイオティクスのいい菌なら、いくら乗せてもいいのです。

海外旅行に行ってひどい腹痛や下痢などにおそわれることがあります。これは、食中毒という例外を除けば、ほとんどの原因は、病原微生物（下痢菌あるいはウイルス）の感染です。腸内で病原微生物が爆発的に増えると、通常はそれを抑えるために、医者が抗生物質類の薬を出します。抗生物質をのみますと、悪い菌と良い菌を無差別で殺したり腸内の粘膜を破壊したりと、副作用があります。

病原微生物を抑えるために、強い乳酸菌を一度に大量にのむのが、本当は一番安全で即効性があります。海外旅行などでお腹の調子がちょっとおかしいなと思ったら、すぐ乳酸菌のカプセルを1度に5～6粒のむと、病原菌をあっという間に抑えてしまいます。特に調子が悪くなくても、予防のためにものんでおくといいでしょう。

多様性の中で生かされている

体の皮膚には均一にバクテリアが分布しているわけではありません。場所によって全く違うバクテリアが棲んでいます。部分部分が独立したコロニーのようになっていて、あまり交流もないのです。例えば、口もとや手のひらは、常に食べ物と接する場所なので、乳酸菌が多く棲んでいます。手のひらをなめても病気にはならないのですが、なめたら病気になる場所もあります。よく怪我をするような場所には黄色ブドウ球菌がいます。これは怖い院内感染の元凶でもありますが、一方で私たちの体を守って、もっと悪い菌を近づけないようにしているのです。

社会のあり方も、バクテリアの世界でも、「共生」という考え方が一番大切です。一方的に殺す、抑えつけるというのは、一番まずいやり方です。例えば、日本は豊かな国だから、アジアの国々は全部日本をモデルにすべきだというのは、とても良くない発想です。多様性がなくなってしまいます。

日本人の中でも、例えば、夏目漱石さんは素晴らしくて偉い人だから、みなそうなりましょうといったら、夏目漱石の偉さまで薄らいでしまいます。また、田舎がなければ都会も成り立ちません。都会の物質的に豊かな暮らしは、農家のシンプルな生活の上に成り立っています。

多様性が何よりも大事で、それを維持するために、それぞれの形、それぞれの良さを認める。これが共生共存です。人間の考え方、生き方にそれぞれ多様性があると、多彩で面白い世界になるのです。

アメリカは自分と異なる集団を抑えつけるために、アフガニスタンやイラクと戦争をして、共生関係を破壊して、その国の文化まで変えようとしています。自分の文化や言語などを教えて、女性のベールをとろうとして、相手の国の価値観を全部変えようとしています。こういう政策のせいで、世界はいつも危険な状態になってしまいました。9・11事件の後、個別の人に対する復讐のために、相手の国まで潰してしまったのです。「求同存異」の共生関係を全部破壊した結果、国と国民の安全も守れなくなりました。世界中、飛行機のセキュリティ・チェックが厳しすぎて、必要以上に検査されることになってしまいました。すべては共生関係を壊してしまう考え方が原因です。

私は、社会主義、資本主義というのを100%鵜呑みにして信じ込むようなことはありませんでした。

1987年、私が初めて日本に来た時に驚いたのは、一日中外出して歩いても靴が汚れないことでした。また、春になると、日本人はかなりの人達がマスクをしだします。中国では、黄砂があってもほとんどの人がマスクをしません。こういう疑問を理解するのに、人間が原因なのか、自然が原因なのかを分けて整理して考えるようにしました。

例えば、日本で道路の補修工事をする時は、現場の前後に人を配置して事故が起こらないようにしながら、少しずつアスファルトを剥がして補修します。中国では一度に全部アスファルトを剥がして、何カ月もそのままにしながら工事をします。北京の埃の理由は、砂漠から飛んでくる砂だけではなくて、こうした道路工事のやり方も大きな原因です。しかし、もっと考えると、同じ中国でも、青島や大連では埃がないことに気づきます。海の近くは埃がないのです。北京の汚染は、盆地で空気がよどみやすいという理由によることがわかります。

日本人がマスクをするのは、私は東京の空気が汚いからだと思っていました。日本にやってきて初めて、花粉の対策だと知ったのですが、これは、ある意味で見えない汚染があるということができます。

私の少年時代の思想教育の中では、プラスとマイナスが常にはっきりしているという印象がありました。進歩と退歩、進化と退化、積極と消極は、完全に対立していて、中間のことはあり得ないという考え方でした。そして、進化できないものは死ぬべきで、進化したものだけが生き残るべきだという考え方が当然とされていました。ダーウィンの進化論が社会思想の中にまで浸透していたのです。

人類遺伝学の世界では、ポリモフィズム（polymorphism）や、ダイバーシティ（diversity）という言葉がよく使われます。多様性や多形性という概念ですが、研究を進めていくうちに、私はこうした概念を深く納得するようになりました。

特に、私が東大人類学教室で研究している中で、一番感銘を受けたのは、私の恩師である尾本恵市先生が、少数民族の文化をとても大切にしているということでした。先生が提唱する共生共存の実現ためには、生物多様性、社会多様性が必要だと確信するようになりました。その後のバクテリアの研究でも、科学と哲学を完全に融合させて、人間と微小なパートナーであるバクテリアとの「共生共存」の意味を追求していきました。

抗生物質は菌のバランスを壊す

私は２００３年からバクテリアの研究を始めましたが、研究を深めていくうちに、共生は、この目に見えない小さな世界にも適用できる考え方だということをより深く理解するようになりました。

人間の消化道は、小さな共生生命体を載せる容器だといって過言ではありません。光岡先生の学説によると、いい菌は3割、中性菌は6割、残りの1割は悪い菌という分布がよい状態ですが、抗生物質をのんでバクテリアを無差別で殺したら、いつも一番の被害者は、いい菌と中性菌でしょう。そうすると、人間はいつも感染の危険にさらされて、体の安全が守れなくなります。傷があったら薬をのみ、少し体に痛みがあるとまた薬をのみます。そうするとバクテリアが死んでしまいます。すると、腸の中でも、体の他の部分でもバクテリアの空白部分がたくさん出てきます。

これは、より大きい人間社会でいえば、アメリカがやっていることと一緒です。わずか数人のテロリストを捕まえるために、イラクやアフガニスタンなどの国で、テロリストよりもはるかに多い市民を殺しました。しかし、すべての人間を殺すことができないように、バクテリアを全部殺すこともできないのです。薬や抗生物質で体のバクテリアを殺せば、当然いい菌と中性菌も大量に失います。同時に人間の健康状態は悪化します。

抗生物質や薬だけではなく、日常生活の中で、防腐剤と染色剤などを食べ物に入れるのも、本当にいけないことです。人間や動物に対しての抗生物質は、食品に対しての防腐剤になります。

防腐剤を入れる目的は、カビが出ないようにするためですが、すべてのカビ菌が悪いものだとは言えないのです。

そもそも、人間はカビと共生しています。カビが出ない環境では、人間も生きることができないのです。防腐剤はできる限り使わないようにしなければなりません。人間の社会でも同じですが、いろんな人がいる中で、悪い人を殺すということをしてはいけません。悪い人がいなくなると、いい人の中から悪い人がまた出てきます。殺しても殺しても、一定の比率で悪い人は存在します。悪い人には、もっと悪い人を抑える〝いい役割〟があります。悪い人も必要な存在なのです。私がモンゴル高原で発見した乳酸菌は、天然防腐剤として使うことができます。一つの菌も殺すことなく、いい菌を増やして悪い菌の働きを抑えます。

共生関係を破壊してはいけないのです。すべてのものは存在する理由と必要があるのです。

たった一つの生物が存在しないだけで、世界の繋がりの網が破壊され、バランスと完全さが失われてしまいます。黄色ブドウ球菌は、院内感染をする悪い菌だと考えられていますが、じつは、人間の体を守る働きを持っています。間違った時に間違った体の場所に入ったら感染症になりますが、正しい場所にいれば、人間の健康を守ってくれるのです。

遺伝子の世界でも同じようなことが言えます。人間の体の中には、30億の遺伝子の塩基があります。そのうち99%はジャンクDNAと呼ばれる「ゴミ」です。ところが、99%のゴミを取り除いてしまったら、人間は人間になれません。そのゴミと見られるものが、人間の形をつくっています。自動車はエンジンとタイヤがあれば走ることができますが、それだけではとても乗れるものにはなりません。部品と部品の間をつなぐものが絶対に必要です。

第二章　乳酸菌に出会うまで

1　農薬中毒の体験

私の子供時代

１９５６年、私は内モンゴル（中国・内モンゴル自治区）の主要都市フホホトで生まれました。民族としてはモンゴル族です。父は役人をしており、私は5人兄弟の四番目の子供でした。小学校1年生の時に、父が新華通信社の特派員として東京に派遣されることになり、家族は新華通信社の本社がある北京へと移住しました。小学校に入って2年経った時の１９６６年、文化大革命が起こります。それからは落ち着いて勉強できる環境がなくなりました。父は北京に呼び戻されましたが、私が中学1年生の時に「下放」されることになってしまいました。私達家族は河南省の農村に移り住むことになりました。下放というのは、文化大革命のときに行われた思想政策で、知識層や青年層を農村に移住させ、肉体労働を通じて思想改造しながら社会主義国家建設に協力するというものです。

農村に対してはいろいろな感覚の呼び方があり、人によってイメージも違います。都会の人は、総称して「田舎」と呼ぶでしょう。農村の人は「村」といいます、ロマンチックな人や芸術家は「田園」といいます。田舎と都会では暮らし方や考え方も全く違ってきます。下放された両親にとっては、単なる田舎だと感じたかもしれませんが、学校教育が嫌いな子供だった私にとっては、農村は音楽や詩の中に出てくる田園でした。

子供の頃、私は勉強が好きじゃなくて、授業中はいつも窓の外ばかり眺めているような子供でした。だから河南省の農村の生活は、少年の私にとってはまさに天国で暮らしていた感じでした。北京では、人間以外の生き物といったら花や木くらいで、動物といえばアリとすずめ以外はほとんどいませんでしたが、田舎にはいろんな生き物がいました。すずめも北京で見るものよりもずいぶん綺麗だと思います。農家の生活では、最初の種まきから収穫まで、動物の飼育から加工まで、そして食べ物ができて、それを食べて自分達が生きているという命のつながりを、全部実感することができました。

ある時、私は学校に行く途中で、迷った子犬を見つけました。私は子犬を抱きしめたまま学校につれて行って、机の中に入れてじっと観察していました。しばらくすると、子犬はおしっこをしたくなった様子で、鳴き声をあげてしまったのです。先生は子犬の鳴き声にびっくりして、怒りだしました。私を怒鳴ると、急に子犬の耳をつかんで、そのまま窓の外に放り出してしまったのです。なんて酷いことをするんだと、私は先生と大喧嘩しました。学校で教わることは、北京で習ったのと全然違って、ほとんど頭に入りませんでした。私は田舎に行っても、相変わらず勉強には全く興味をおぼえなかったので、先生にとっては、都会から来た困った子供でした。

農業経験は大切

1972年、下放から2年半経つと、父親の審査が終わり、問題ないという結論が出て、私達は北京に戻りました。文革が終わり、以前のような生活環境に戻りました。しかし、私の田舎での生活が突然終わっても、田舎、もしくは田園での心と体温は、急には抑えることができませんでした。北京市の第八十高校では、真面目に勉強する雰囲気に包まれたけれど、私にとってはとても辛いものでした。

ある時、授業中に先生が皆の前で私に言いました。「お前は本当に駄目な奴だ。高校生なのにレベルは中学2年生ぐらいしかない」頑固で体が丈夫な子供といつも言われていた私は、ほとんど泣いたことがありませんでした。しかし、この言葉を聴いたとき涙がこぼれました。私はそれから一念発起して、真剣に勉強するようになりました。それまでは夜9時になると眠くて寝てしまっていましたが、毎日夜12時近くまで本を読んで過ごすようにしました。両親はいつも「お前、勉強しなさい！」が口癖でしたが、それからは「早く休みなさい」と言うようになりました。

1970年から1976年まで、中国では、高校を卒業するとすべての学生が田舎に行って、1年から4年間、「知識青年」として農家と一緒に生活しながら農業に従事することになっていました。農業大国として、若い人達は農業を体験して、食のことを知り、勤労や節約の精神を身につける必要があるという毛沢東の考えによるものです。他の国でいえば、徴兵制度にあたるような制度といえますが、いま、社会の格差がどんどん広がって不安定な状態になっていることを考えると、あれはとてもいい教育だったと思います。都会の若者は、食べ物をつくるには労働体験が必要で、決して自然資源を無駄にしてはいけないことを学びます。毛沢東は精彩な言葉でまとめました。

「知識青年が農村で農家の再教育を受けることが必要です」

農家の方も、都会の若者の文化や現代の暮らし方も知ることができます。このことは、中国の農業の変革及び農家の教育に大いに貢献があったと思っています。

農薬被害に遭う

いまでもはっきりと記憶に残っていますが、当時、中国の農業では、十億人余りの国民の生計を支えるために、大量の農薬、化学肥料が使われていました。

ある時、私は綿花の畑で農薬を散布していました。農薬を撒く時のルールとして、常に風下から風上に向かって進んで、新鮮な空気を吸うことになっていましたが、生産隊の隊長は農薬に関する十分な知識がありませんでした。

「そんな撒き方では効率が悪いから、往復両方で撒くようにしなさい」と隊長に言われました。

私は言われるままに噴霧器を背負って一日中農薬を撒きました。3日目の作業が終わった時、自分の体がふらふらになっていました。私はひどく疲れてしまったと思い、周りの人に言いました。

「先に帰ってください。疲れたので少し休んで帰ります」

そして畑の隅に座ると、そのまま倒れこんでしまいました。同僚が私を起こそうとしました。

「大丈夫です。眠いので、少し寝たらまたやります」

そのまま私は意識を失ってしまったのです。

1週間後、私は病院のベッドで意識を取り戻しました。隣には硫酸アトピンという薬の箱がいくつかありました。そして、私の腕にも注射の痕が数えきれないほどありました。

意識が戻ってからもしばらくは体がふらふらして、真っ直ぐに歩けないような状態が続きました。人民公社の人達は、これが重大な事故になったら大きな責任問題になってしまうので、気が気でなかったようです。退院すると、休養のために実家まで送り届けてくれました。1カ月ほど休養したらふつうに歩けるようになり、私は人民公社に戻りました。

子供の頃から、私は同世代の中では強くて何でもできる人間だと自負していたので、働かないことは恥ずかしいことだと思っていたのです。仕事場に戻った時、まるで死人のような顔色をしていると同僚達から言われました。もう農薬には近づけてはいけないということになり、私の仕事は軽作業に移されることになりました。穀物を自然乾燥する場所で、鳥が食べてしまわないように見張りをする仕事です。おばあちゃんがするような軽作業です。それは、時間があり余るような退屈な仕事でした。私はその機会を利用して、本当にたくさんの本を読みました。

私の兄はいまでも、私が怒ったり興奮したりすると、「お前は農薬中毒で頭がおかしくなったんだ」と笑って言います。その後、中毒症状は1年で消えましたが、その時から、私はすべての農薬や薬を鼻からすぐに感じられるようになりました。例えば、誰かが殺虫剤を撒いたら、私はすぐに脈拍が速くなってしまいます。体がその体験をおぼえているのです。私が現在、一所懸命に乳酸菌やプロバイオテックの研究をして、殺虫剤、農薬、抗生物質を使わないことを目指しているのは、この経験があるからとも言えます。

私の成長と家族

私の成長の段階で、一番心を込めて育ててくれた母は、本には投資を惜しまない人でした。物を買ってほしいとお願いしてもなかなか許可は下りません。靴は破けて指が出るようになるまで履かされましたし、高校生の時には、姉が着られなくなった人民服を着せられました。女性の服だと誰でもわかるので、私は本当に嫌でしたが認めてもらえませんでした。母は、姉の服はどこも傷んでいないので、着られない理由がないと言いました。

高校時代はずっとこの服を着ていました。そういう母親でしたが、こと本になると、どんなものでも欲しいと言えば、すぐにお金を出して買ってくれたのです。母親が学校に通ったのは、小学校の4年間だけでした。その勉強熱は凄いものでした。独学で史記や論語等を原文で読めるほど本を読んだ人でした。国文専攻の大学生以上の国文力があったのです。母親から遺留された財産は金ではなく、山ぐらいの書籍でした。この習慣は私の兄弟らにしっかりと受け継がれています。いま私も、子供や学生達が欲しいといった本は、すぐに財布からお金を出して、買ってくるようにしています。

偉大な母親の影響もあって、本当に幅広く本を読んだことは、私の大きな財産になっています。家の本は全体の5％読んでもかなりの知識が頭に入ります。私の研究分野以外のことに出会っても、すぐに過去の本の知識を思い出して、早く理解することができるようになりました。

私の兄や姉は間違いなく私より頭がよく、母親のお陰で、一番上の兄と一番下の妹は真面目に勉強しなくても、授業を聴くだけでいい成績をとることができました。二番目の兄は数字の記憶力は驚くほどで、一度だけ聴いた電話番号でも、メモをしないでそのまま頭に入れてしまいます。一度おぼえたら、数年経ってからでも、その電話番号をすぐに言うことができます。私はそんな能力は持っていないために、時間をかけて勉強しなければなりません。

私の成長の歴史を振り返ると、頭のよさというのはあまり助けにならずに、ひたすら長い時間をかけて山ほどの本を読んだと言えます。私は幅広い知識だけではなく、一つのことを徹底して深く追求することもできたので、結果として学者になりました。専門的な知識と幅広い知識を合わせることで、私の視点はいつも他の人と随分違うものになったと思います。

学者には2種類のタイプがあります。一つは、面白い情報を見つけて、それを自分達で改良していこうとするタイプです。ソニーがアメリカ製の鉄線のテープレコーダーを見て、それを分解して磁気があることを発見し、鉄線ではなく紙のカッセット式のテープレコーダーを作ったような例です。もうひとつは、全くゼロから突然思いついて出来るような気がして発明してしまうタイプです。ニュートンやエジソンのようなタイプと言えます。

研究者の中では、実験のうまい人、新しいアイデアを生み出す人などのタイプがありますが、私はゼロから新しいものを発見する学者でありたいといつも思っています。いままで勉強した知識を活かして、新しいものをつくります。それは、母が古訓を借りて、私が博士になるまでいつも言っていた「温故知新」ということでした。

私は、先生や教科書、科学論文の中から知識を得ても、完全に自分で納得できるまで徹底的に分析します。そうしないと自分自身の判断能力がなくなってしまうからです。そうすることで、独自の視点を持つことができると思います。

2　科学院での仕事

遺伝学研究所で学ぶ

農村での2年間の農業従事が終わり、私は北京に戻り就職しました。真面目に働く「優秀知識青年」という評価をもらっていたので、中国科学院の遺伝学研究所で働くことになりました。中国科学院とは、中央人民政府直轄の自然科学研究機関、または国家最高研究機構です。そこで技術者として、研究の補佐をすることになったのです。

最初は周りの学者達の言うことが難しくて理解できませんでした。しかし、いつも学者に囲まれて話を聴いていると、だんだんとそれ程難しくないということがわかってきました。仕事が終わってから北京の友人に会うと、よく遺伝に関する質問攻めにあうようになりました。最初はほとんど答えられなかったのですが、そのうちに学者のように彼らの質問にもすらすらと答えられるようになったのです。自然科学の深い興味と専門知識などを身に付けたのは、やはり遺伝研の時代の財産です。

工場というのは製品をつくる場所ですが、研究所というのは海の中で針を探すような場所です。知識がいっぱいある人は探しやすいのは事実ですが、求めているものを探し出せるかどうかわからないということでは、みな一緒なのです。

技術者としての私の仕事は、実験農場に行って、来る日も来る日も小麦の交配のために、花粉をとっては受粉し、花を袋で覆うといった細かい作業の繰り返しでした。実験用の小動物の繁殖も随分とやりました。交配の作業をして、数カ月後、思った結果が出なかったら、作業の仕方が悪かったということで学者に責められます。逆にうまくいっても私の成果になることは一切ありません。責任を追及されても、自分の作業に問題があったのではないということを証明しようと、私は徹底的に本を読んで勉強しました。

成績が悪かったから勉強した

私の熱心な勉強ぶりに接して、研究所の図書館の館長からいい印象を持ってもらえたようでした。私には、実験農場での作業より図書館の仕事が向いているということになって、図書館に転属になりました。この転属のお陰で、労働者から学者への道に踏み出すことができました。本当にうれしい転属でした。

それからも、自分の人生を切り開くには勉強するしかないと思い、私は徹底的に勉強しました。大学に入る必要も痛感しました。高校時代は勉強ができず、物理や化学は苦手だったので、私は文科系の大学に入ろうと思い、歴史と地理を勉強しました。英語も徹底的に勉強したので得意になりました。

最初の大学受験では、わずか12点足りなくて不合格となりました。さらに1年勉強しましたが、皮肉にも、また12点足りません。そして、何と3年目も12点足りなかったのです。毎回テストの満点が違うのに、いつも12点足りないのです。3年も受験に失敗して、大学への道はあきらめようと思いました。しかし、私の成績は悪くないので、科学院の夜間大学には無試験で入ることができました。私は毎日図書館で仕事をしながら、夜は大学で勉強しました。この頃は、1日15時間も勉強する日々が続きました。その時から、化学や物理、数学の知識を身に付けました。英語は自由に読むまたは話せることができました。科学院の夜間大学には理系の生命学科がなかったので、3年間勉強した後、学位をとるために北京師範大学に1年半通い、無事に卒業することができました。自分が言ったことを実現できたので、これでようやく兄弟に馬鹿にされないようになりました。

大学を卒業しても母親は褒めてくれませんでした。母親はいつもモンゴルの諺を言っていました。

「自分の子を褒めるのはいい母親じゃない」

母親の口から褒める言葉はありませんでしたが、両親が喜んでいるのは確かに感じました。

「志大才疎（しだいさいそ）、眼高手低（がんこうしゅてい）のような人間になるな」との諺は、うちの家訓のようなものになりました。志大才疎の意味は、志は雄大だけれども才能が足らず成功できないということ。同じように、目標はいつも高いところにあるが、しかし目の前のことが一歩も進まない人間を眼高手低といいます。

母は、われわれ兄弟が中年になっても言い続けていました。その言葉を心に抱いて、私はより高いレベルの最前線の知識の世界に入って行きたいと決心しました。

3　日本での留学生活

少数民族の遺伝子を調査

学位をとり、生命科学、遺伝学の知識もある程度になると、図書館での仕事はつまらないものに感じられました。研究室の教授に相談すると、教授は「誰でも入れるところじゃないが、君は何ができるのか？」と私に尋ねました。私は即座に「外国語は自信があります。英語は完璧に近いです。英語版の遺伝学の本を少なくとも5冊以上読みました。仕事はどんな困難があっても私は努力して乗り越えるタイプです」と答えましたら、「じゃあ、このサイエンスの論文を訳してみなさい」と言われました。

その場で1ページほど朗読して、その場で翻訳したら、私の英語の力をすぐに理解してくれて、即座に採用してくれました。教授の考えでは、科学の知識不足を補うことは難しくないけれども、英語の論文をすらすら読めないと、研究には大きな支障が出るということでした。

そうして、1982年から、私は図書館を離れて、同じ研究所の人類遺伝学研究室に入りました。それから5年間、少数民族の遺伝子の調査を行いました。血液型やタンパク質、酵素及び遺伝子などから、人類の移動の歴史を調べるという研究です。86年には、東京大学との共同研究が始まり、東大の教授と大学の助手及び大学院生からなるプロジェクト・チームが北京に来て、共同研究をしました。その共同研究の後に、東大の教授から「日本に留学をしたければ、日本の文部省の奨学金を申請したらどうですか」と薦められました。

文部省の奨学金で留学

翌年の5月、申請用紙を受け取りました。何万人に一人しか得られない文部省の奨学金は、競争が激しいので、落ちるのはふつうですと先生から言われました。私もその時、オーストラリアのアデレード大学の奨学金も申請したばかりだったので、日本には駄目でもまずやってみようと思い、申請書を送りました。それから3カ月後、私のもとに日本から大きな封筒が届きました。中には、奨学金の採用通知と留学のガイドブックが入っていました。さらに、この奨学制度は、自分で行きたい大学を選ぶことができるものでした。

留学生として私が日本に来たのは１９８７年10月でした。私はそのまま東大の博士課程に入学するのだとばかり思って来たのですが、それは勘違いでした。半年間、研究生として一緒に共同研究し、教官が認めたら修士の入学試験を受けることができるというものです。試験に通らなかったら、そのまま奨学金も打ち切られることになります。

日本語が全く話せない状態で、半年後に試験を受けなければならないというのは、私にとっては無理難題で、到着早々に途方もない思いに駆られ、精神不安な状態にもなりましたが、退路がなく、頑張るしかありません。そこから猛勉強の日々が始まりました。私はひたすら部屋にこもって、本と格闘する日々が続きました。寮のおばあちゃんは私の生活の様子を見て、とても理解ができなくて、私にきつく当たりました。

「他の留学生達はみな日本語ペラペラで、一生懸命アルバイトと勉強を両立させて生活しているのに、あなたの生活態度は問題です」

じつは、文部省の奨学金を受けた学生たちは、充分な生活費をもらっているので、アルバイトは禁止されていることを説明したいのに、私は英語しか話せなかったせいで、どう説明しても最後まで理解してもらえませんでした。

猛勉強の末、私は修士課程に合格し、東京大学理学部人類学研究室での学習及び研究生活が始まりました。その後も優秀な成績を維持していれば、博士課程の入試は免除され、奨学金は延長されるので、私はそれからも毎日、勉強と実験の日々を過ごしました。

結局、奨学金は5年半もらうことができました。博士課程を終えた卒業式では、理学部を代表して、安田講堂で総長から卒業証書を受け取りました。総長がすべての学部の代表に学位を授与するのは、１１０年の東大の歴史の中で4回しかないそうです。外国人が代表を務めたのは初めての事かもしれません。その話を聞いた日本の友人が、卒業式のためにと高価なスーツをプレゼントしてくれました。当日は緊張しながら、講堂で受領式の手順を何度も何度も確認したのをおぼえています。

１９９3年3月29日の午前10時、私は安田講堂で、東京大学総長有馬朗人教授から博士の学位証明書をいただきました。

振り返ってみると、日本の留学制度の中で、最初の半年間の研究制度はとても良いものだと思います。半年一緒にやれば、その道を続けるべきか、教官も学生も大体わかります。1回の試験だけで判断して、その後何年間も進路を修正できずに過ごしてしまうのは、双方にとって不幸なことになる場合が少なくありません。

一番長くいた学校は東大

私の小学校、中学校の時代は文化大革命の最中で、何と10回も学校を転校しました。残念ながら、先生の顔と名前すら記憶に残らない学校まであります。授業も思想教育ばかりで、落ち着いて勉強できる環境ではありませんでした。一つの学校に3年以上いたのは、東京大学だけなのです。東大の人類学研究室での5年半の研究生活は、私の人生の中で一番強い印象が残っています。指導教官の尾本恵市先生から受けた影響が、母親の次に大きいと思います。

人類遺伝学の研究では、DNAの調査で、尾本恵市先生と一緒にいろいろな隔離された貧しい村、奥地等の場所を訪れました。そういう場所で、ハエがいっぱいいる食物や汚いコップに入れたお茶を出されたりしても、それをよけて平気な顔で飲めるということがとても大事です、と尾本先生からいつも教導されました。

これができなければ、人類学の研究はできないと先生は教えてくれました。回し飲みのお酒がきてもちゃんと飲まなければなりません。エイズや肝炎の患者とも、ふつうに触れ合っているかもしれません。そのこと自体は、きちんと知識があったら全く危険性はありません。ですから私は、いま現在、七ツ星のホテルでも、世界の奥地の村でも、決して態度を変えてはいけませんと、いつも学生達に言います。

私の人生は直線的ではなくて、突然ジャンプしてしまうようなことが起こります。その度に新しい世界に素早く対応する必要にせまられます。私は兄弟と比べても頭がよくありませんでした。農薬中毒になったことも一つの理由ですが、いつも、言われたことがなかなか理解できませんでした。23歳になってから、身長も10センチ以上伸びながら、突然、頭がはっきりとしてきて、勉強に対する興味もどんどん湧いてきました。高校時代の同級生の中で、将来、私が学者になると予想した人は誰もいませんでした。成績は下から5番目くらいで、体力があってリーダーシップもあるので、将来は軍の幹部にでもなるんだろうというイメージだったのです。

博士課程を修了した時、日本の中国大使館の教育担当の人から感想文を依頼されました。

「B5サイズ、1ページで留学の感想文を提出してください。北京の図書館と日本の大使館で記録を残すために本にまとめる」ということです。

1週間後、それを大使館に提出に行った時、感想文を読んだ担当官が涙をこぼし「感動しました」と褒めてくれました。私はびっくりしました。

以下が留学感想文の日本語訳です。

私は金鋒と申します。しかし、友達の半分以上、先生たちも、金鋒という人を知りません。ウラン・トガならよく知っています。でも、名前は何でもよく、私は、私です。少年時代のウラン・トガはいつも先生に迷惑をかける子でした。私は小学校だけで4つの学校で学びました。内蒙古南馬路小学校、北京市三里屯第三小学校、北京市香山慈幼院、それから、北京市三里屯第二小です。中学時代も、私は6つの学校で学んでいます。北京市三里屯第一中、河南省確山県第二中、確山県楊店中学校、確山県蔡楼中学校、確山県双河高校、または北京第八十高校です。

少年時代のことを思い出すと、一番先生を悩ませた時期は、北京の高校一年生の頃でした。先生からは何度も「君は中学校2年生から始めればいい」と言われました。確かに、私は中学校と高校合わせて4年間で6回も転校した経験があって、北京から河南省への引越し、転校などの手続きのために、その間、半年以上は通学できなかったと思います。

卒業後、私は農民、労働者の経験もしてから、社会に踏み出しました。けれども、自分の知識が足りない、「少壮努力せず、成年悲しむ」という苦い感覚がだんだん湧いてきました。当然ながら、大学入試は3回も落ちました。

労働者の私は、遺伝学研究所で恩師杜若甫先生と知り合いになって、それから、英語、遺伝学、生物学などの課程を猛勉強しました。夜間大学を卒業してからは、人類研究を始めました。その後、研究室の同志らと中国の少数民族の地域をまわりながら、人類遺伝学の調査を行いました。この研究は外国の研究者にも注目され、共同研究の際に、中国と日本の先生に推薦をいただいて、日本の文部省の奨学生になりました。私は1987年10月に、世界的に有名な人類遺伝学者、東京大学理学部人類学教室の教授、尾本恵市先生の学生になりました。

東大でいつも先生たちと学生たちのお世話になり、私は当然、努力しなければならないと思い、全優の成績と完全な実験結果を教室の全員に差し上げました。私が文部省の奨学金をいただいたということは、自分の競争相手がこのチャンスを失ったことも意味します。彼らが私よりもっとすばらしい人材になった可能性がありますので、文部省奨学金の落選者を失望させないためにも、自分で人一倍努力するしかないと思っています。

東京大学での5年半の経験は、私の人生で通った十数カ所の学校の中で、一番長く、または最も多くのことを学んだ場所です。東大は、私の人生の中でも、一番懐かしさを感じて、忘れられない学校です。

人の一生には、自分の人生を励ますことができる言葉にいくつも出会うでしょう。日本で勉強している時に、好きだった言葉があります。

「道がなくても歩きます。歩けば、それが道になるから」

この言葉を、私は努力し続けている人々にあげたい。諦めなければ、いつか成功するはずです。日本人は勤勉と真面目さ、アメリカ人はいつもチャレンジを勧めますが、年齢は関係ありません。中国でも当然色々な言い方があります。私が望むことは、勤勉、真面目、それからチャレンジ精神を身に付けることです。

私は大言壮語ばかりしていますが、じつは私は最も遊びたい人間です。自分の年齢も忘れるほど遊びます。旅行も大好き、読書も大好き、自分の専攻と全く無関係の本もいっぱい読みました。でも、これらの趣味は時間の無駄だとは一度も思いませんでした。勉強するときは真面目に勉強、自分の目標を忘れなければいいのです。遊びと読書は知識の幅が広くなり、書く能力も進歩できると確信します。私はただ研究の機械になったり本の虫になることは嫌いです。

最後に、この機会を借りて、ここで言及した学校と先生たちに感激の気持ちを表明します。私の研究者としての指導者、東京大学の尾本恵市先生と遺伝研の杜若甫先生に感謝いたします。私の両親、妻、同志及び私を励ましてくれた各国の人々に感謝いたします。日本政府へも感謝しなければなりません。文部省の奨学金のお陰で私は研究に専念できました。私のすべての成績は、こうしたすべての人々の心血の結晶です。

若い時に努力しないと年をとってからとても後悔するというのは、事実だと思います。でも、私は大学院を36歳で卒業しました。他の学生達より10年も年上でした。しかし、年齢は関係ありません。実際にいつ勉強を始めても間に合うと思います。

4　民族遺伝学の研究

日本人に一番近い血縁関係はモンゴル人

東大で博士号を取得した後、私は中国科学院に戻りましたが、東大の先生から、もう一度日本で研究をしてほしいとの依頼がありました。再度日本学術振興会の奨学金を取得して、国際日本文化研究センターに在籍し、1年半、ポスト・ドクターとして研究しました。

中国には56の民族があると言われます。私は、集団遺伝学という研究でこの各民族の調査を続けました。

民族の定義とは、言語、文化、宗教、経済の異なった集団ということです。貧しい村と豊かな村では、経済格差があって交流がなくなり、言語も、文化も、宗教までだんだん異なってきます。山や川などがあって交通が遮断されるような場合でも、民族が分かれることもあります。また、心理隔離というのもあって、例えば「東京の人は大阪の人が嫌い」というように、同じ性質を持った集団なのに、隔たることもあります。

私の遺伝子の研究によると、日本人に一番近い血縁関係はモンゴル人です。続いて、満州族、朝鮮族が近いのです。いずれも言語はアルタイ語族になります。日本にはもともとアイヌと沖縄の人のように体毛の多い先住民が住んでいたところに、1万8000年前、氷河期時代に、氷の上で大陸と完全に繋がり、そこを渡って本州に入ってきて、徐々に両端に向かって移動していきました。

歴史を振り返ると、中国と日本との戦争が何度もありました。私の民族的な祖先である元でさえ、日本には勝てませんでした。第2次世界大戦でも、アメリカが原爆を落としたので、結果として日本が負けたに過ぎません。

世界のさまざまな民族、集団、または国家間の争いや戦争をみると、いつも理解に苦しみます。

漢代の曹操の息子・曹植が、兄の曹丕に命じられてつくった、七歩吟がありま す。

「煮豆燃豆萁、豆在釜中泣、本是同根生、相煎何太急」(豆殻を燃やして豆を煮ているときの音は、まるで釜の中で豆が泣いているようだ)。つまり、同じ根から生まれたのに（兄弟が）殺しあうことを嘆くという意味です。

　遺伝子の研究をしていてよくわかることは、我々は本当に兄弟だということです。兄弟なのに、この人は仏教、この人はキリスト教、またはイスラム教と分かれて喧嘩をしているというのは、つくづくつまらないことだと思います。

　人間は、民族集団という観点からすると、黒から白になりやすい。逆に白から黒にはなれません。染色体が短いものが長くなっていくという過程がないからです。色素の遺伝子の進化で、長い、黒いタイプが浅い色に突然変異すると、黒から紫、青、緑、黄、赤の順に変化していきます。色素の遺伝子の中で黒が一番長いものです。その遺伝子よりちょっと短いのが黄色集団で、もっと短いのが白色集団です。ヒトは、人間になってから移動と進化が終わって、染色体の長さは変わらないままで、この特徴を固定してしまいました。

　ピーマンの色も同じで、最も染色体が長いのが黒で、次いで、紫、赤、緑、黄、白となります。色の深いものが遺伝子が長く、浅いのが短いのです。

　進化の段階で同じ親戚でも違う形かまたは違う色ができても、遺伝子からその親族の関係を否定することはできません。

5　人類学の研究からわかること

長寿の要因は何か

中国で6000年前の古い墓を掘って人間の骨を見ると、40歳以上と見られるものはほとんどありません。そのときの平均寿命は20～30歳にしか過ぎませんでした。

古人類の骨を調べると、古代には、人間は20歳～30歳で死んでしまっています。この年齢でもう老人だったのです。現在、日本人の平均寿命は85歳近くになっていますが、現代人の寿命が何歳まで延びるかはまだわかりません。

人類の歴史の中で、平均寿命は20、40、60、80とジャンプしてきています。いま、100歳まで生きる人は少なくありません。平均寿命が100歳という時代は、もう決して夢ではありません。

以前、中国の最南部、ベトナムと国境を接する広西チワン族自治区巴馬県の山里は、100歳の長寿がたくさんいて世界中から注目されました。そのため世界中から多くの学者が広西を訪れ、長寿の要因を解き明かそうとしました。遺伝子の学者は、遺伝子が特別だといい、寄生虫の研究者達は寄生虫のお陰といい、バクテリアの研究者は、腸内菌が多いからだといいます。学者達は、新しいライフサイエンスの事実が見つかったという論文を自分の立場で書くために、自分の研究分野しか強調しませんが、冷静に見ると、誰も客観的ではありません。長寿の理由を一つにするのは無理があります。

まず、この村の住人達は、ホモロゴスの集団ではありませんでした。一カ所から移住してきたのではなく、様々な場所から移り住んできた人の集まりでした。そうすると遺伝子が要因とは言えなくなります。腸内菌では、特に、80、90歳の人達のビフィズス菌が多いという学者もいました。事実としては納得しますが、腸内には500～1000種類の菌が人間と共生しています。まだまだわからないことが多く、全体の研究が終わったといえる状態ではないので、長寿の理由がビフィズスによるものだと結論付けるには早すぎるのではないかと思っています。

広西の長寿の村での、どうすれば寿命が延ばせるのかという研究は、原因がとても複雑で、結局理由は解明できませんでした。地元でとれる雑穀やきのこ、油がいいという説もありましたが、老人達は油をほとんど消費していませんでした。粗食でシンプルな生活を送っています。

学者達は本当にミスリードしがちです。

逆に、なぜ人が短命になるかと考えると、私は、一番の原因は食べ過ぎにあると思います。自分が消化できる以上のご飯を食べて、栄養を入れすぎることが問題です。あの食べ物、この食べ物が体にいいと言われて、たくさん食べてしまいますが、どんなにいいものでも食べ過ぎはいけないのです。人間の胃の大きさ、腸の長さは決まっていて、消化力には限りがあります。消化力以上に食べないことが、健康には一番大事だと思います。

平均寿命が30年間で15年延びる

5年前、有名な作家である張承志氏と一緒に内モンゴルのシシンゴロ盟の東ウジュムチン旗を訪れました。張氏は高校生の時に、文化大革命で北京の都市生活を放棄し、内モンゴル大草原へ遊牧生活をしに行きました。内モンゴルの辺境近くのその村で「知識青年」と呼ばれて村人と一緒に生活しました。そこは彼にとって第二の故郷なのです。

その時の知識青年はいま中高年以上、老人になっている人もいます。その人達の話を聞くと、１９６８年、17〜18歳の学生たちが初めて内モンゴルに行った時には、東ウジュムチン旗の遊牧民達は、ほとんど乳製品をつくっていませんでした。それまでは、ミルクかミルク茶などをそのまま飲むか、お酒にするしかなかったのです。当時の遊牧民達の平均寿命は45歳〜55歳でした。55歳で長生きのお年寄りと言われていたのです。しかし、２００４年に、我々と一緒にウジュムチン旗に訪問した時、平均寿命がなんと15年ほど延びていたのです。わずか30年足らずで平均寿命が15年も延びるというのは、驚異的なことです。この間、草原で医療が特段に進歩したということはないのです。

もともと遊牧民は、集団同志の交流がほとんどありませんでした。そこに、文革の影響で、北京市の「知識青年」が入り込んできたのです。知識青年達は、人数の極希少な草原の中でもお互い頻繁に交流をしたので、彼らのお陰で、チーズやヨーグルトをつくって食べるという食文化が、遊牧民の間に広まって定着したのです。草原では、太古の昔とあまり変わらない遊牧の生活が営まれていますが、70歳を超える老人も少なくありませんでした。

チンギスハンの子孫の遊牧民達は、自分の守っている小さなテリトリーを巡回しながら、羊や馬などを飼って暮らしています。地球の中で最も消費が少なく、資源を無駄にしない生活をしています。もともと他のグループとはほとんど交流しないのですが、知識青年達のお陰で、いまではほとんどの家族がチーズをつくっています。野菜を食べず、肉とお酒、チーズで生きて、わずか30年間で平均寿命が15年も延びたのです。乳酸菌の持つ力がわかります。

長寿の秘訣はバクテリアと運動と水

広西・長寿村の老人達の糞便を調査した論文でもわかりますが、やはり、長寿の秘訣はバクテリアと運動です。いくら乳酸菌や他の善玉菌を飲んでも、運動しないでは長生きすることはできません。

先述の広西チワン族の長寿村のケースでは、長寿の要因を特定できませんでしたが、基本的には適度な食事(粗食)と運動は必須だと思われます。「適度な食事」

というのは、生活するうえで十分な栄養を摂ることができ、ただし食べ過ぎないということです。自分の消化能力を超えて食べると、消化器官だけでなくあらゆる器官に負担がかかり、やがて機能不全に陥るのです。同時に「適度な運動」も必須です。広西の長寿村は高齢者でもほとんどが農業に従事していて、運動というよりも日々農作業をしていないと生きていけません。必然的に体は鍛えられますし、運動能力も衰えません。人間は動物ですから、動けなくなったら動物ではなくなり生命活動を維持できないのです。

また、健康の問題を解決するのに、水のことは避けて通ることはできません。東京医科歯科大学名誉教授の藤田紘一郎氏は、水に関してとても興味深い研究をしています。藤田先生は寄生虫や病原菌の研究者として知られていますが、人がバクテリアやウイルスに集団感染するのは、農村部よりも都市部のほうが多いといいます。これは、都市部の人よりも田舎の人のほうが腸内細菌が非常に多いということと関連しているといいます。どういうことかというと、都市部の殺菌された水道水や衛生環境が整った場所などで生活していると、必然的に腸内細菌が脆弱になり免疫力も低下していて、病原菌やウイルスの侵入に対して過剰反応したり感染しやすくなるからです。これに対して農村部は生活環境自体にバクテリアが豊富にあり、これを日々摂り入れている人の腸内細菌は豊富なので、いろんな病原菌など外敵が来ても、これらがバリアとなって防いでくれるからです。

水は、何十個かの分子が集まって一つのクラスター（複数の原子または分子が集まってできる構造単位）をつくっています。温度が低ければ水のクラスターが大きくなります。つまり水の密度も高くなります。浸透圧も高くなります。

私は藤田先生の本を読んで水の研究に関心を抱きました。その一つに、犬とか猫とかは骨の問題は一切ないということです。「生水」を飲むからです。生水は生きている水です。沸かした水は死んだ水です。人間だけが「死水」を飲みます。だから人間だけが骨粗鬆症（こつそしょうしょう）になるのです。人間だけの疾病です。ほかの動物、例えばすごく年寄りの犬でも、走っても骨に何も問題ありません。動物は「生水」しか飲まないからです。

また、生水は、水の分子構造そのものも生きていると藤田先生はいいます。水は煮沸すると分子構造が変わります。０度で凍ったり１００度で蒸発するためには、H_2Oの分子は5個か6個環状にくっついていないといけない。煮沸した死水はこれが5つで鎖状になっています。雪解け水は6個くっついています。雪解け水には生理活性があるのです。

日本でも中国でも、雪解け水を鶏に与えると、卵を多く産むようになるということが、農家で代々伝わる智恵としてあります。豚も雪解け水を飲ませると肉質が良くなります。

新疆ウイグルの長寿村

私はここ数年毎年、新疆ウイグル自治区の長寿村を調査しています。

場所は新疆ウイグル自治区和田(ホタン)県。崑崙山(コンロンサン)の北側、タクラマカン砂漠の南側です。崑崙山の雪解け水が一年中流れていて、和田県のすべての村に灌漑されています。緯度34~38度、経度78~80度あたりで、海抜は1400メートルぐらいです。黄砂のない完全に晴れる天気は年間50日もなく、年間2回程度しか雨が降らないところです。ほとんど毎日が、黄砂と強い太陽の陽射しが合した感じです。

年中黄砂が飛揚しているところですが、雪解け水でよく緑化されていて、一人当たり何千本もの樹木が育っています。黄砂の酷さといえば、私はわずか15日ぐらいの調査で、細かい砂がカメラのレンズに入って、レンズが動かなくなったほどです。

県内の人口、23・5万人のうち95％以上が農業に従事しています。世界の長寿村の基準は10万人の集団に、百歳以上が25人ほどですが、和田県周辺は40万人の人口で百歳の老人がおよそ３００人以上います。「世界最長寿村」と呼んでもいいでしょう。

この村の老人はみんな元気に働いていて、90歳以上の高齢者でもかなりの力仕事をしています。１００歳を過ぎても働いています。90歳を超えた老人でも、大きな斧を振りかざして大木を切り倒すのです。また、この村では80を過ぎた男性老人がふつうに子どもをつくるのです。

自然環境や生活環境はけっして恵まれているわけではありません。気温は冬季がマイナス10～15度、夏季は25～30度、年間の降水量は日本の10分の1程度でかなり乾燥しています。崑崙山脈からの地下水によるオアシス灌漑農業が中心で、小麦、トウモロコシ、水稲などの穀類のほか、甜菜、綿花や、リンゴ、イチヂク、ブドウ、スイカなどの果物栽培も盛んです。

村人の食事は基本的には粗食です。食品の種類は十数種類程度のものです。常に食べる主食は　ナン、チャーハン（赤いニンジンと黄色ニンジン、干し葡萄、羊肉を混ぜたご飯）、拌面（ラーメン）、ヨーグルトで、チャマグ（青蕪）、白菜、ニンジン、トマト、カボチャ、ピーマンなどの野菜も常食しています。肉は、羊肉、鳥肉がほとんどで、たまに牛肉も食べます。老人たちの好みの果物は、アンズ、クルミ、スイカ、メロン、葡萄、イチジク、ザクロなどです。日本や中国のように何百種類、何千種類もの食べ物があるのではありません。じつにシンプルです。ナンは一度に何十枚も焼いて重ねておき、人々はお腹がすくとこれをちぎって食べます。ナンはすぐに固くなりますから、歯が少ないお年寄りは口の中でナンを唾液で柔らかくしながら食べます。

ある90歳を過ぎたおばあさんは、全部の歯が抜けてすでに30年以上経っているといいますが、私がカメラを向けるとすっと立ち上がりました。その動作は若者と変わりません。とても元気です。おばあさんの上着のポケットにはナンが入っていて、ハエがたくさんたかっていました。おばあさんはハエを手で払いながらナンをちぎって口に入れくちゃくちゃしながら食べています。おそらく、このおばあさんの体内外のバクテリア・バンクは最高のものだろうと思います。

長寿村の岩石

場所を広西チワン族の長寿村に戻します。歴史資料によると、この村でこれまで最も長寿を記録した老人は、じつに158歳まで生きたといいます。現在、巴馬県の70歳以上のお年寄りは2万人近くに上り、そのうち100歳以上のお年寄りは36人以上います。

この村には川が流れていて、その上流には岩山がありました。長寿の要因が水であるならば、その水に含まれている物質が重要になります。調べてみると、村の泉の水質は良好で、多くが直接飲用基準に達していて、極小の分子団を有し、弱アルカリ性で、ミネラルも、国家天然ミネラルウォーター基準を上回っていました。人体内の弱アルカリ性環境に最適で、身体に対して細菌・ウイルスの侵入を効果的に抑制し、これが長寿の理由となっているのかもしれません。

そこで私は、水源となっている長寿村近辺の岩山から岩石を採取して調べてみると、超微粒分子共振効果があることを突き止めたのです。その岩山でイオンメーターを使って測定してみると、マイナスイオンの数値が1立方センチメートル当たり3000個以上もありました。さらにその岩石をナノレベルの超微粉にすると表面積が膨大なものになり、これを固めたＭＲＭ（Molecular Resonance Membrane）を水に入れて密度を測ると、０・96ぐらい密度が高くなりました。これは、分子共振作用によって水や物質を構成している分子の並びが整然となって、極めて安定した状態になっていることを意味しています。

分子の並びが整然となると隙間がなくなり、塩素、フッ素、臭素、ヨウ素などハロゲン化合物が外に出ていきます。その結果、水の味も変わり、導電率が下がり、水を長い時間放置しても浮遊動物が発生しにくくなります。

私はこのＭＲＭを数百枚つくり、様々な実験をしてみました。まず、魚の養殖場で使用している水で試したところ、病気が出にくくなり、ＮＳ乳酸菌（筆者が発見した高機能乳酸菌群）とあわせて使うと、魚肉のＤＨＡ（必須脂肪酸）はふつうの養殖をしたものよりも4倍多くなり、養殖の水の交換頻度も減り、同じ水を7倍の期間使えるようになったのです。

ＭＲＭを入れた水とふつうの水を2つ並べておくと、家畜はＭＲＭの水は全部飲んで、ふつうの水はそのまま残してしまいます。実験に立ち会った人が、それはＭＲＭの水をいつも家畜が水を飲む場所に置いたからだろうというので、今度は場所を入れ替えてやってみたら、また同じ結果が出ました。

人間は損得の計算が働くので、感情をそのまま表に出しませんが、動物は好き嫌いを隠さないので、良いか悪いかが簡単にわかります。人間は先入観があったりウソをつきますが、動物は正直です。いいものはいいと、すぐに行動に表れます。

長寿の要因はいろいろあると思われますが、第一に粗食であることに加え、適度な運動、豊富なバクテリア、いい水、ということは言えそうです。

第三章　ＮＳ乳酸菌の開発

1　乳酸菌の発掘と培養

すぐれた乳酸菌を抽出する

乳酸菌の研究の中で一番大事なことは、言うまでもなく優れた菌を発掘することです。

私は中国のバクテリアバンクと共同研究の関係があるので、そこからいつでもどんな菌でも手に入るようにしています。これは国際バンクなので、世界で発表されたバクテリアが全部、無料交換できるようになっています。また、いろいろな民族の食文化の中に、いい発酵食品があるという情報を得ると、そこに出かけていってサンプルを採取して、菌を調査し、優れた機能のあるものは独自の方法で培養しています。

私は、特に遊牧民の漬物の中から菌を選んでいきました。漬物は雑菌が多く1種類の菌ではないので、こっちの漬物が美味しい、あっちは美味しくないということになります。美味しさの違いは、菌の種類と割合の問題です。私は、漬物の菌を採取し、分離して、一番消化力のある乳酸菌を探しました。

乳酸菌の抽出と培養は次のようにして行います。

私達が漬物やヨーグルトから採取したサンプルには、多種多様な菌が混ざっています。

モンゴル人のヨーグルトのつくり方は我々の想像力が及ばないものがあります。現地の人は、発酵乳をつくるときに菌を入れたりしないで、搾ったミルクをそのまま置いて、完全に自然の状況で発酵させます。つまり、自然に浮遊している複数の雑菌が搾ったミルクと接触して発酵するので、どんな菌がどのくらいミルクの中で成長しているのかを調べなければなりません。

遊牧民族がつくるヨーグルトとチーズを見ていると、一つの発想が浮かび上がりました。

世界に生物技術というものができるまでは、人々は伝統的な方法で発酵食品をつくるしかありませんでした。納豆、醤油、酒、酢、味噌、甘酒、ハム、ソーセージ、及び発酵乳製品など、数えきれないほどの（自然）発酵食品をつくっていました。

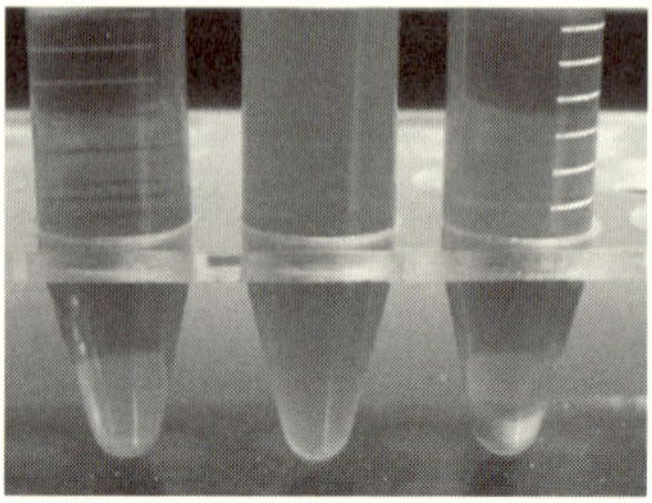
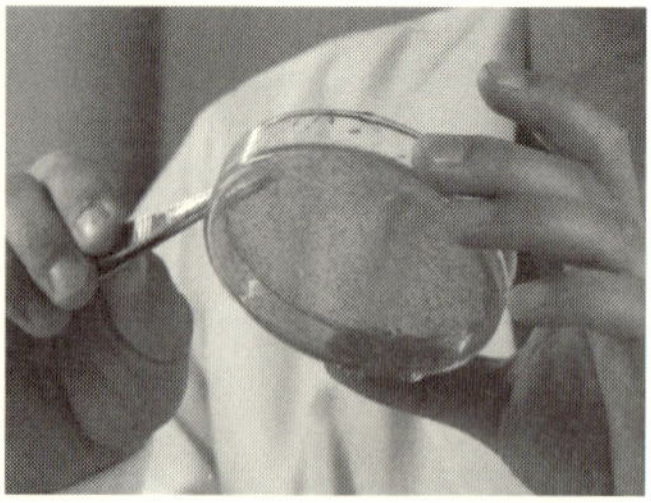

種（菌）を入れて発酵させる技術が普及したのは、顕微鏡が発明されてからのことです。それ以前は、食べ切れずに残ったものを自然発酵した後に、それを種として、次の新しい材料を入れて天然発酵させます。このようにして培養すると、当然、純粋な単一のバクテリアで発酵させるということはあり得ません。

そこに一つのヒントがあります。個々のバクテリアは、自分に適応する栄養分を食べるようです。では、私達の消化道にいる乳酸菌は何を食べたいのか、また何を食べさせたらよく繁殖するのかを検討したのです。

まずは、シャーレの中に培地の寒天を入れて、採取してきた菌のサンプルを入れます。シャーレは20個くらい用意します。そして、白金線でスキャッシュして、何時間か培養すると、シャーレの中で菌が一つひとつの玉になってきます。

これら一つひとつが単菌です。それをプラスティックのティップ（爪楊枝のような小さな細い棒）で一つずつ取り出し、試験管に入れて純粋菌を培養します。一本の試験管の中に１００個の単菌を取って培養します。しばらくすると、試験管の中で透明なりんごジュースみたいな培地が混濁状態になって、しばらく置いておくと、底に白い沈殿物ができてきます。これを分光光度計で計ると１ミリリットル当たりの菌の個数がすぐにわかります。次に、その試験管内の菌の遺伝子を、特徴がわかる16ｓＲＮＡを調べて、国際発表されたバクテリアのデータと付き合わせていくと、菌が特定できます。

それから、ミルクや豆乳に入れて短い時間で発酵した後に、pH（ペーハー）を測定します。pH値が低くなっていれば酸性を示し、有機酸をつくっていることがわかります。同じ条件で、ヨーグルトやチーズから採取した単体の乳酸菌を培養して、発酵のスピードや酸度を確認しながら、乳酸菌を選んでいきます。さらに、その菌が安全かどうかネズミや豚等で実験し、当然、顕微鏡で形も調べます。発酵した乳酸化物を長時間置いて、悪いバクテリアが繁殖するかしないかということも確認します。

バクテリアバンクに登録されている菌は、最初の発見者が登録されているだけで誰でも使えますが、ほとんどは有益な使い方が開発されていません。ただ「菌を発見しました」では、何の意味もないのです。通常、菌は酵母エキスやペプトン（主に動物のタンパク質断片が酵素などで分解されたもの）等で培養しますが、いろいろなもので培養してみると、できるものが全く違ってきます。人間でも肉ばかり食べる人と、米食中心の生活をする人、果物が好きな人など、それぞれ代謝物が違うのと一緒です。人間に効くか効かないか、どういう意味があるのかは、乳酸菌の培養の仕方で決まってきます。腸の中では、いろんな栄養がそろっていますが、それでも菌にとって〝いいエサ〟を入れないと、きちんと増やすことはできません。

100％乳酸菌といっても、それを培養した原料が安全なものかどうかがとても重要です。イースト菌は問題ありませんが、そのエサは大丈夫でしょうか？

ペプトンは大部分は動物性です。安全性を考えなければなりません。ペプトンの原料となった動物がどんなエサを与えられて飼育されたのかまで調べる必要があるのです。

なぜかと言えば、遺伝子というのは驚くほど安定しています。自然界のほとんどのタンパク質は、煮ると変性します。でもＤＮＡはほとんど破壊されません。タンパク質は変性すると由来がわからなくなりますが、ＤＮＡは断裂しないのです。土の中に埋もれて、10万年、20万年経ってもＤＮＡを検出できますし、料理しても分解されません。高温の油で揚げて、てんぷらにしてもＤＮＡは壊れませんし、スープの中のＤＮＡを調べると、ダシに使ったものまで遺伝子の特定ができるのです。そうしたことから、動物も人間も、直接でも間接でもお互いのタンパク及びＤＮＡを食べさせないことを厳しく考えています。

私は、穀物で乳酸菌を培養する時は、有機栽培のものだけで培地をつくります。植物原料でも、栽培の時に農薬を使ったもので菌を培養すると、培養の効率が下がってしまいます。農薬は害虫だけでなくバクテリアも殺すのです。

こうして、動物の遺伝子と農薬が全く検出されない培地をつくり、培養した乳酸菌の安全性と品質を確かなものにします。

私は、自身の農薬中毒の経験や、生命科学の研究から食の重要性を特に意識する中で、アメリカの有機認証機関であるＱＡＩ（Quality Assurance International）の検査官にもなっています。安全性については、学者の名誉にかけて、０・００００１％のリスクも犯さないつもりです。

私達は、こうして選びとった高機能な乳酸菌の純菌を１００種類ほどストックしています。そして、この乳酸菌群を「ＮＳ乳酸菌」と総称しています。共生世界の新しい太陽（New Sun）になってほしいとの願いから、また、「New Sun」の発音は日本の「乳酸」に近く、私の名字「金」の発音は、「菌」と同じであることから名付けました。また、「金」はモンゴル語で「アルタイ」と言いますから、通称「アルタイの乳酸菌」、採取した場所が主にモンゴルの大草原なので「大草原の乳酸菌」とも呼んでいます。

2　人間への応用

自分の体で人体実験

養豚での実験が成功した後、人間へ試してみることにしました。でも、実際に人間で試すのはそう簡単なことではありません。

私はまず、自分の体で実験することにしました。私は、白いネズミよりも、自分で自分の体の状況変化を知りたいのです。ネズミや豚で効果はわかりますが、気持ちを知ることはできません。

最初の二日間、一切食物をとらずに水だけを飲んで、胃や腸を空っぽの状態にしました。それから2リットルのヨーグルトを飲んだのです。1回で胃袋に入れる量は、飲んでも食べても人間は最大2リットルです。2リットル飲んで体が拒絶しなければ、安全性が確保できることになります。

私はまず、800ミリリットルを1回で飲みました。かなり気持ちが悪くなりましたが、大丈夫でした。それから2時間かけて、残りの量を少しずつ飲みました。結果として下痢も嘔吐もなく、体調が悪くなることもなく、糞尿も正常でした。中毒になると必ず下痢と嘔吐が同時に起こります。血圧も測りましたが正常値でした。

自分の体は問題ないことがわかりましたので、次は、家族や兄弟、科学院の大学生達に薦めてみました。市販のミルクを購入して、NS乳酸菌を入れてヨーグルトをつくり、「いいヨーグルトを差し上げます。飲んでみてください」といって無料で配りました。

豚では、はっきりと行動が変わることが確認できましたが、人間はそうはいきません。人間はいつも自分の感情を隠している、あるいは曖昧な気持ち、そうかどうかはっきりしないほうが多いのです。嫌いなのにニコニコしている人もいます。嬉しいのに涙が出て、悲しく振る舞うこともできます。

「どうですか？　最近、気が長くなりませんか？」と尋ねると、もともと気の短い人でさえ、「いや、私はもともと気が長いですよ」と言います。

豚は嘘をつきませんが、人間は感情と逆のことでも平気で演じてしまいます。

ヨーグルトでは乳酸菌の量が限られているので、次は乳酸菌をフリーズドライにし圧縮して、カプセルに入れて飲みました。これでも問題はありませんでした。

当初、家族に薦めても「自分で使えばいいでしょう」と言われて、なかなか取り合ってくれませんでした。けれども、病気にかかった時に飲んだらすぐに良くなることが実感できたことで、進んで飲むようになりました。特に娘は説得が困難でした。子供は、効くかどうかでなく、味が嫌いなら飲みたくないのです。食べやすいものをつくる必要性を感じました。

娘は、勉強の緊張で便が乱れた時に、野菜ばかり食べご飯を食べずにいたため、体調があまり良くありませんでした。そこで、私の乳酸菌の錠剤を飲ませてみました。すると次の日に、電話でメッセージを送ってきました。

「お父さん、こんないいものなぜ早くくれなかったの？　本当にすばらしいものですよ」

「自分の父親の研究を信じてくれなかったから、仕方がない」と私は返事しました。いま娘は、いつも学校に戻る前に、絶対に忘れないものはＮＳ乳酸菌のカプセルです。

それからはいろいろな乳酸菌の製造会社を訪ねて交流し、生産の仕方から応用まで調べていきました。手に入る資料や本は全部読みました。私は常に批判的な検討や分析を加えながら情報を整理していき、独自の考え方、方法として研究結果を定着させていきました。

寝る前に飲むのが効果的

ＮＳ乳酸菌は、冷蔵庫で4度で保存すれば、2年以上品質は全く変わりません。1グラムで約15億個の菌があります。多く飲むほうがよいでしょうが、腸の中を整理するには、夜寝る前に飲むのが効果的です。

腸内細菌のことを一般的に「善玉菌」「悪玉菌」「日和見菌」と区別しています。しかし、本当は一概には言えません。いい菌でも時間と場所や量を間違えると悪い作用を及ぼします。どんなにいい菌でも、増えすぎると逆効果になることがあります。ちょうど、人間も数が増えすぎると問題が起こるのに似ています。人間にとって悪い菌というのは、じつはそれ程多くなく、ふだんは人間と共生しているのです。下痢菌、アメーバ、黄色ブドウ球菌等は、腸の中にあってもすぐに病気になることはありません。大事なことはバランスです。いい菌が優位な比率で存在して、悪い菌は、もっと悪い菌の繁殖を抑えるためにいる必要があります。悪い菌を全部取り除こうというのは不可能です。一つひとつの菌は生きており、殺してはいけないのです。

腸の消化を一番助けるのは、消化酵素ではなく腸内菌です。口から食道を経て、胃で大まかに分解された食物は、腸内菌によってさらに細かく分解されます。それを栄養にしていくのが消化酵素といわれるもので、酵素の働きの前に腸内菌によって十分分解されなければなりません。

光岡知足博士の発表によると、善玉菌と中性菌（日和見菌）、悪玉菌の比率は3：6：1でバランスがとれているといいます。善玉菌が30％あれば、中性菌は善玉菌の影響下に入ります。代表的な中性菌は、大腸菌や混合菌で、人間の体内である程度のビタミンをつくります。逆に、悪玉菌が15％になると、中性菌も悪い働きをするようになり、下痢や免疫力の低下に力を貸してしまいます。

乳酸菌は、悪い部分が証明されていないという論文がありますが、実際は違います。乳酸菌も、人間の血液に入って心臓まで到達したら心筋感染症になります。菌を人間の内部に決して入れてはいけないのです（消化道は外部）。結核菌は、肺に入ったら病気になります。医療が進歩しても、いまだに毎年大勢の命が、肺炎、肺結核で亡くなります。

2004年にオランダで、乳酸菌を使った治療で24人が亡くなったというニュースがあり、世界を驚かせました。このニュースのために、一時はヤクルトまでが危険リストに載せられたのです。しかしよく調べてみると、人為的に体の内部に乳酸菌を入れていました。バクテリアはあくまで人間の表面をコーティングするものであって、体の中に入れてはいけないのです。

また、乳酸菌でソーセージをつくることができないことからわかるように、肉は乳酸菌のエサにはなりません。お酒を飲みすぎても、菌の繁殖には邪魔です。いいバクテリアを増やすのに欠かせないエサは、ミルク、穀物、豆乳等で、これらが乳酸菌のメイトになります。乳酸菌を飲まなくても、いいメイトを食べていれば、体内でかなり乳酸菌を増やすことができます。これはプレバイオティクスといって、とても重要なポイントになります。

3　間違いだらけの乳酸菌利用

シャーレの実験と人体は違う

中国に面白い話があります。

ある男が大金を手にしてしまいました。持ったことのないお金の保管場所に困った男は、ある場所に穴を掘って埋めることにしました。埋めてから、その場所を忘れないように、看板をつけました。看板にはこう書きました。

「ここには銀が３００両ありません」

しばらくして、隣の人がそれを見つけて、お金を掘り出してから、元に戻して、看板を書き換えました。

「隣の二郎は、お金を盗んでいません」

無意味なことをしてしまう人間の愚かさを伝える話ですが、乳酸菌を取り巻く広告表現もこうしたものが多いと言えます。

ヨーグルトを2リットル飲んでも、乳酸菌は完全に腸には届きません。胃で選別して体の安全を守ります。「この菌は胃酸に強く、腸に無事に届きます」と日本ではよく宣伝文句を言いますが、我々は、決してそうは言いません。どんな乳酸菌でもかなりの部分は胃の中で死にますが、それでも、5%~10%腸に届けば十分です。体内に外来の生物が入っても殺せなければ、それは体の異常です。乳酸菌を大量に入れて胃で殺せないのは、胃に問題があるのです。

胃では食べ物が攪拌(かくはん)されて、胃酸のpH値は高くなって、酸度は低くなります(pH7が中性、値が低くなると酸性、高くなるとアルカリ性)。通常、何も食べていないときの胃のpHは1・5~2・0くらいです。食べると4~5くらいになり、しばらくすると元の値に戻ります。食べ物の中に乳酸菌があって、それが胃酸で殺されないのであれば、体の機能として不完全といえます。胃酸で殺せなかったり、長くもったりしてはいけないのです。シャーレでテストすると、乳酸菌は強酸の胃酸でほとんど死んでしまいます。いっぱい水を混ぜて飲んだら、完全に殺されない可能性はあります。

しかし、体の中の反応はとても複雑で、シャーレの中の単純な実験とは違います。肺炎の菌をシャーレの中では殺せても、肺に入れることはできません。

シャーレの中のことを真似してみても意味がないのです。実際は、豚でやった実験結果のほうがはるかに正しいのです。

「乳酸菌を飲んだら、糞が匂わなくなった」――腸に届かなければ、そうした結果が出るはずがありません。汚れた環境、病気に感染しやすい環境で結果が出ているので、人間に対しては、より効果があることは言うまでもないことです。

乳酸菌は大部分は胃酸で殺されます。それは自然の選択と淘汰です。しかし、一部だけ入っても大変な量です。胃の中で、胃酸、酵素によって厳しく選択された菌が、腸の中で爆発的に増殖し一番よく働きます。

しかし、実際はカプセルの中に乳酸菌を入れれば、何の問題もありません。海草からつくったカプセルは胃酸ではすべては溶けません。小腸に入ったらすぐに溶けるので、じつはとても簡単な話なのです。わざわざ胃酸に強いというのは、あまり意味がないことです。

発酵乳桿菌と酸性の強い乳酸菌が有用

私は菌を独自に培養して、様々な実験を繰り返しました。シャーレの中で培養して、ティップで一個一個とって、単菌の純粋菌として培養しながら集めます。そして、その単菌の遺伝子を確認します。16ｓＲＮＡがバクテリアの特徴を一番よく示す遺伝子ですが、その配列を調べるとどんな菌かがわかります。

我々は豊かな生活になって食べ過ぎ、うまく消化できない場合が多い。分子の長いタンパク質で腸の中で消化できないものは、外来抗原として認識されます。その抵抗反応として、肌に湿疹ができたり、痛みや下痢になったりします。最近の新説では、消化されていないタンパク質は腸内酵母菌で消化されて、硫化水素が多めにつくられ、そしてセロトニンの合成が急激に低下して、脳神経の中に以前感染された、または封じ込められていたヘルペスウイルスが働きだすということです。食べ過ぎて余ったものを分解するために、消化力の強い菌を入れ、腸内で過多なタンパク質を分解消化すれば、過敏症や消化道のガスなどが少なくなります。多種類の乳酸菌の中で、人間が使うべきなのは、発酵乳桿菌（桿菌とは、形状が細長く棒状になっている菌）と、酸性の強い乳酸菌です。

菌は本来、生物の表面に共生するものですが、乳酸菌が生物の内部に入ると感染症を起こします。この場合、内部とは、細胞や血管の中などを意味し、消化器系や呼吸器系などは、外部としています。

乳酸菌は万能だとはいえません。間違った場所に入れると病気を引き起こすのです。日本ではエントロコーカスつまり、糞腸球菌が多く使われています。そして、乳酸菌（球菌）をたくさん入れると体の調子がよくなるという説明しかしないのです。しかし、本当はこうした小さな乳酸菌は、潰瘍から細胞の中に入ってしまう危険性が高いのです。ピロリ菌が胃や腸に穴をつくって潰瘍になりますが、私達の体の中に潰瘍があるかないかは、いちいち内視鏡で見ない限りわかりません。

感染症の危険性を避けるために、私達は、なるべく細胞内に入らないように、マッチ棒やボールペンのような細長い形をした桿菌を使います。そうすることで、万が一、腸の中に穴があっても、穴の中に入りにくいようにして、すべての人が安全に利用できるようにしています。そして、桿菌の中でも遺伝子の数が多く、よりたくさんのアミノ酸やビタミンをつくるものを選びます。

乳酸菌が増えるとビフィズス菌も増える

学者の友人がやってきて、長寿村の人々はビフィズス菌が多いという研究結果があるので、つくったらどうかとすすめられたことがありました。

しかし、ビフィズス菌はもともと腸の中にたくさんある菌で、オリゴ糖などいいエサを与えるだけで増やすことができます。ビフィズス菌を培養するコストは高いのに、乳酸化物はあまり多くつくりません。他の乳酸菌と共生関係にあり、乳酸菌が増えるとビフィズス菌も増やすことができるので、わざわざ外から入れる必要はありません。

また、酸性状態を好む乳酸菌のアシッドフリーダスも問題があります。腸の中はアルカリ性なのでうまく機能しないのです。熱に耐える乳酸菌もありますが、それも意味がありません。人間の体温は36度で安定していて、37度になっただけで異常です。培養に余計なコストもかかります。

「植物性乳酸菌」は存在しない

いま、日本でよく宣伝されている「植物性乳酸菌」といわれるのは、実際には存在しません。学名でもなく、乳酸菌の分類でもありません。はっきり言って、消費者をミスリードする間違った表現です。漬物から採取した乳酸菌は漬物にしかないわけではありません。全く同じものが発酵乳からも採取できます。その場合は「動物性乳酸菌」とでも呼称するのでしょうか。全く意味のないことです。「植物性乳酸菌」も「動物性乳酸菌」もこの地球上には存在しないものなのです。

乳酸菌製品の広告宣伝のせいで、誤ったイメージが定着してしまっています。健康的なイメージから「植物性」というのが強調されますが、では逆に動物性というのがあるかというと、それはありません。肉を消化してしまったら、動物や人間の体内まで消化してしまうことになります。そういう乳酸菌はありません。牛は植物を食べ、同時に植物に付着している乳酸菌などのバクテリアも体内に入ります。その働きで栄養を吸収し、一部はミルクになって出てきます。ミルクには乳酸菌は入っていませんが、乳首から出るとやがて乳酸菌が付着して発酵し、バターやチーズになっていきます。このように、植物だけを分解する、あるいは動物性タンパクだけを分解する乳酸菌はないのです。

したがって、「植物性乳酸菌」というのは、メーカーが宣伝文句として呼称しているにすぎないものです。もちろん、植物を分解する乳酸菌はあります。それでも、植物全部を分解するわけではなく、植物の食物繊維は小腸で少ししか分解されません。なぜなら、食物繊維は大腸に入って有用な免疫物質の生成に関与しますし、糞便形成の中心的な役割を果たすからです。糞便の50％は乳酸菌などバクテリアの死骸です。それに消化されたあるいは未消化の食べ物の残りが加わりますが、細長い糞便の形になるのは、食物繊維があるからです。

食物繊維は、いまや第四の栄養素といわれるほど注目され、がん予防や免疫力向上になくてはならないとさえ言われています。この大事な物質を植物性といわれる乳酸菌が分解してしまうと大変なことになるのです。

ただし、誤解があってはいけませんので、ラクトバチルス・プランタラム（日本名でいえば「植物乳酸桿菌」）という乳酸菌はあります。私はモンゴル高原でこの乳酸菌を採取して、便宜上「ＮＳ５株」としていますが、その機能面でいうと、名前のイメージとは逆で、コレステロールや脂質の分解力にもすぐれた機能を発揮するのです。もちろん植物の分解力もあり、この乳酸菌を牛、羊、うさぎ等の飼育で活用すると、それまで50％程度の栄養吸収力が70％まで高まることが

わかりました。これは、家畜の成長を促すとともに、エサを大量に節約できることになります

さらに日本では、1グラム当たり菌がどれだけ数多くいるかどうかというところから、販売の物語をつくりますが、菌の数を比べてもほとんど意味がありません。日本で販売されている菌は、ほとんどエントロコーカス、つまり小さな球菌です。菌のひとつの大きさは50~100ナノしかありません。この球菌を培養して、試験管の中でスピードを速くして回転させると、菌を遠心力で圧縮できます。そうすると10の16乗まで圧縮できます。でも、それはほとんど意味のないことです。

オオカミとペットの違い

「乳酸菌はいい」と十把一からげに語るのは危険です。桿菌と球菌ではその形状も機能も大きく違いますし、生きた菌と死んだ菌とでは全く別物の働きをします。また、乳酸菌が発酵して増殖していく過程で、その時間経過とともに性質も変わってくるのです。

私は乳酸菌の研究をするようになって二つの根本的な疑問がありました。研究者たちが心血を注いで研究して、臨床研究ですばらしいデータを出して、それを製品化します。けれども、出来上がったものは、試験のときと比べて格段にレベルダウンしたものになっていたりしました。また、自然にある乳酸菌株を採ってきて実験したら、すばらしい効能を発揮したけれども、その株を大切に保管して使っていると、だんだんパワーが落ちてきたりしました。これはなぜなのでしょうか。

私には次のような体験があります。2年前に使って「とてもよかった」と高評価を得たNS乳酸菌を養豚で使ってもらいました。すると養豚業者の人からこう言われたのです。

「いやあ、前のものよりずいぶん悪くなりましたね」

私は驚きました。研究者として一番聞きたくない言葉です。私はクレームのあった乳酸菌を実験室に持ってきて、もう一度分析してみたところ、以前のような消化力が大幅に落ちてしまっていました。遺伝子を分析しても、前の菌と全く同じ菌です。

原因は自然のものと人工的なものの違いです。自然から採取したばかりの菌は強いパワーを示します。しかし、そんな野性の菌も、自然から離れ、ガラスやステンレスの容器に移住し、特別の培養をすると、もともとのオオカミのような動物が家畜化したペットになってしまうのです。パワーが落ちた原因は、野生動物が人間に飼育されるようになると、野性味を失うのと全く同じです。

このことがあって以来、ＮＳ乳酸菌は常に新しい野生に在る種菌を採取してきて、それを培養すると同時に、同じ種菌を何度も連続培養せず、定期的に野生の菌を使うようにしています。

乳酸菌研究者は、自分で見つけてきた種菌には自分の名前をつけ登録するのが普通です。しかし、もともと自然界に帰属するバクテリアが自然と暮らしているものを次々増やして使うものを、どうしても自分の名前を付けて「自分のもの」みたいな菌にしたくないのです。だから、私はいまだに自分の名前で登録したものは1件もありません。ただ「ＮＳ乳酸菌」と名付けているだけです。

いまやすっかり人間のペットになった犬も、ルーツをたどればオオカミにたどり着きます。野性の強いオオカミも人間に飼われペット犬になると、食習慣や生活習慣が変わり、本能的なところが失われてしまいます。野生の〝オオカミ菌〟も連続培養すると〝ペット菌〟になりパワーダウンしてしまうのです。

モンゴル高原は、世界でも最も空気と自然環境のきれいなところです。草原では穀物をつくらないので農薬も撒かれません。素晴らしいバクテリアがいっぱい棲息しているところです。少なくなったとはいえ、人々はいまだに大平原で遊牧の民として生きています。遊牧民の食生活は、内陸から買った穀類のほかに自産した家畜の肉と乳製品中心です。もともと乳酸菌は動物のおっぱいに付くものですから、種菌を採取する環境として、これほどの適地はほかには考えられません。試験管の中の乳酸菌と野生の乳酸菌では、同種でもそのパワーはまるで違うのです。

若者乳酸菌と老人乳酸菌

もう一つの疑問、研究段階でパワフルだったものが製品化すると試験のときと比べてレベルダウンするのはなぜでしょうか。

この答えははっきりしています。つくり方に問題があります。実験的に少量つくるのと、商品化のために大量につくるのとでは、つくる条件が違ってきます。その違いに気づかないと、同じものがつくれないのです。乳酸菌を培養してみるとわかりますが、時間の経過とともに菌数はどんどん増えていきます。

最初にタンクに入れるのは、10の6乗（1グラム当たり）くらいの菌です。これを種菌として入れます。エサである培地を与えると10の8乗、10の10乗と増えていき、10の12乗あたりがピークになります。乳酸菌を培養するときは、ピークのちょっと手前、10の10〜11乗あたりで採るのが一般的です。私たちもそうしていました。

あるとき、培養装置のトラブルが原因で培養時間を半分短くしなくてはならないことになりました。菌数をかぞえるとわずか10の8乗です。つまり、それまでの100分の1。これではいい製品にならない……。悩むところで、私たちは家畜の餌用にしようと思いました。ところが、その菌を家畜が飲んだら、驚くほど効果が高かったのです。

そこで私は、発酵のすべての階段で功能を比較研究しました。培養のピーク前は、共生性乳酸菌の状況でした。この状態の乳酸菌を飲むと、腸内でほかの菌を邪魔しないまま共生状態になります。培養のピークを過ぎると、今度は抗生性乳酸菌になります。面白い事実は、共生性乳酸菌は食品の防腐剤とはなりえず、数時間かけてさらに培養して酸っぱくなった抗生性乳酸菌は食品の防腐剤になります。

こうした実験結果から、共生性の効能を期待する製品では、いまは10の8乗で菌を採取しています。重要なのは、乳酸菌の数の多少ではなく、その効能がどうかということです。菌数が多いからよい、少ないからよくない、ではありません。実験で、10の8乗のものを人に飲んでもらい糞便の菌を数えると、食べ物により、10の12乗も出てきました。1000倍に増えました。次に培養が進んだ10の10乗のものを飲ませると、同じ10の10乗の菌しか糞便には出てきません。これは増えていないということです。増えたということは、腸内で有益な働きをした証拠です。

極端な話、培養のピークを過ぎ酸っぱくなった乳酸菌は、人間でいえば老人のようなものです。発酵力・繁殖力などのパワーはありません。それに比べて培養ピーク前の乳酸菌は若者です。数は少なくても、発酵力・繁殖力のパワーがあります。80歳以上の高齢者が１００人いても、20代の若者１人の繁殖力に及びません。したがって、乳酸菌の数を競うことはいかに馬鹿げたことであるかがわかります。

酸っぱい乳酸菌と酸っぱくない乳酸菌

乳酸菌の発酵が進むと乳酸化物を産生して酸っぱくなります。キムチの漬け始めは酸味があまりありませんが、日数が経過して発酵が進むと酸っぱくなってきます。ヨーグルトのつくりたてのものは酸味はありませんが、やがて酸っぱくなってきます。

ある食品工場を訪れたときのことです。私が「酸っぱくない乳酸菌飲料をつくりたいです」と言いましたら、「いや、酸っぱくないと乳酸菌飲料と認められない」と言われました。彼らはわざわざ酸っぱいヨーグルトをつくっているのです。スーパーなどで売っている大半のヨーグルトも、ほかの発酵飲料も同じ考え方だと思われます。

ただ、酸っぱくなった乳酸菌はだめだというわけではありません。それなりの

乳酸菌の発酵性質の変化

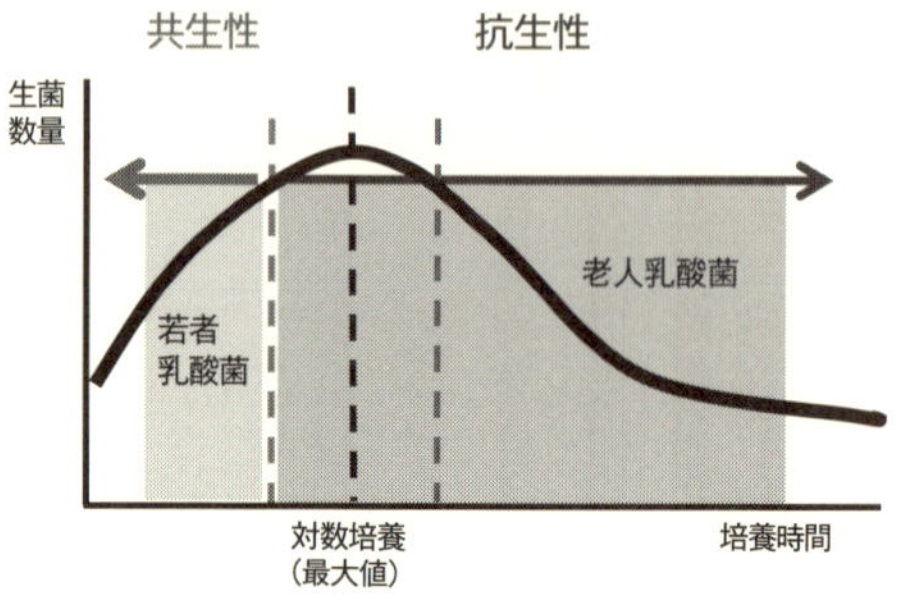

利用方法があります。酸っぱくなったということは、乳酸が増えたということです。酸度の強い乳酸は天然の抗生物質になります。発酵が進んで酸っぱくなった乳酸菌には殺菌効果があり、これを他の食品などにまぶすと腐らないのです。乳酸菌のこのような効能を私は「抗生性」と呼びます。抗生性の乳酸菌は真菌感染の予防治療や水虫の治療、あるいはウイルスや病原菌をプロテクトする機能があり、化学合成の抗生物質に比べて副作用もなくはるかに安全です。

抗生性の物質は老人乳酸菌がつくりだしたものです。若者乳酸菌はそうではなく、宿主の腸内にあって、悪玉菌のコントロールやビタミン合成など、腸内善玉菌としての本来の役割を果たします。私はこの働きを「共生性」と呼んでいます。

このように、乳酸菌はその種類による機能や数だけでなく、培養の仕方や採取の仕方によって、その効果には大きな違いがあることを知らなくてはなりません。とくに共生性と抗生性は使い分ける必要があります。

腸の中に入れたいのは大きな菌

日本の食品検査には、大腸菌がどれだけあるかが問われますが、これもあまり意味のないことで、消費者をミスリードしています。実際は、乳酸菌が優勢なら、10％の大腸菌があっても、下痢は起きないのです。大切なのはバランスなのです。

中国では、日本ほど乳酸菌の知識が普及していません。多くの人は、乳酸菌とヨーグルトがイコールになっています。ヨーグルトに栄養があるのは確かですが、消化を助ける作用があるのは乳酸菌です。大部分のヨーグルトは、出荷する前に高温殺菌処理して乳酸菌を殺してしまい乳酸化物だけになっています。毎日大量のヨーグルトを食べると、栄養過多になって、場合によっては太ってしまうこともあります。

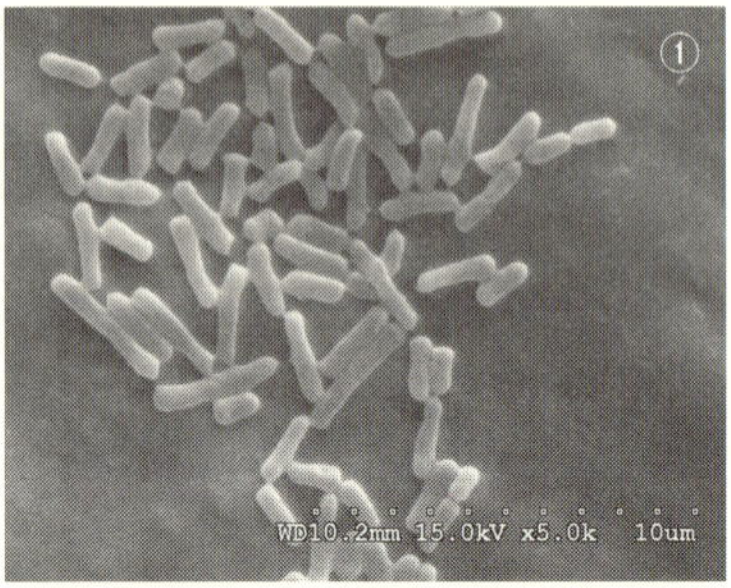

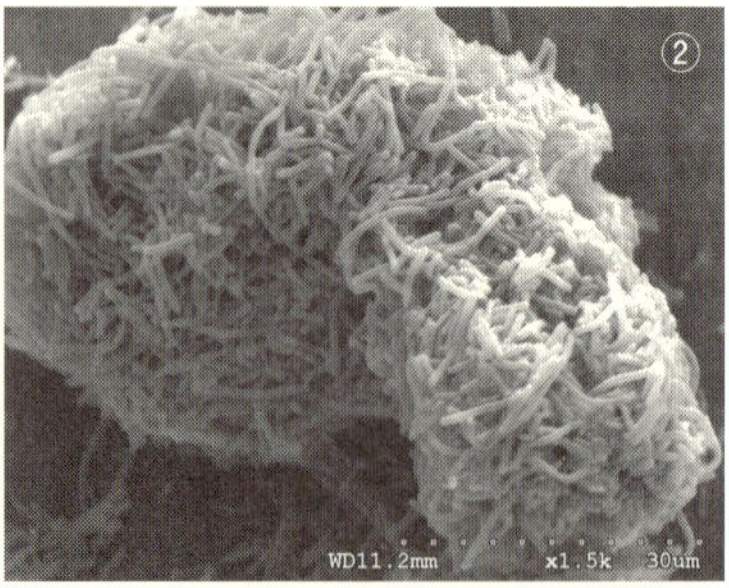

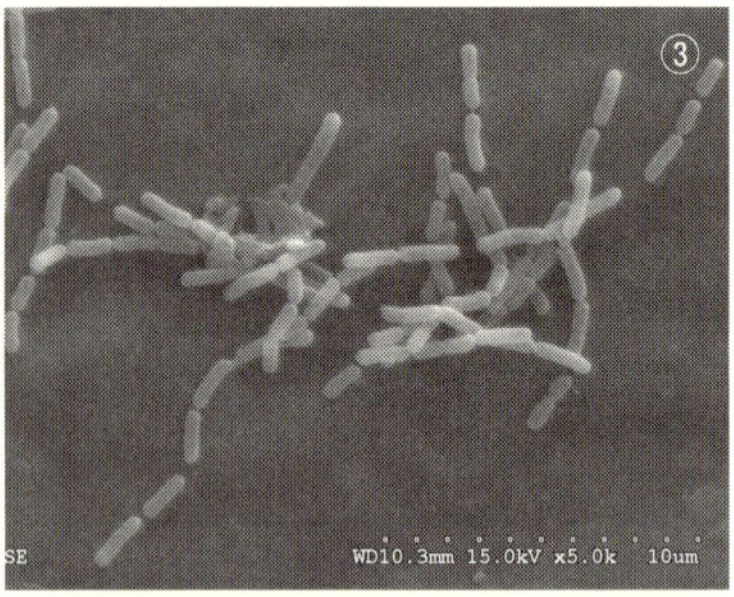

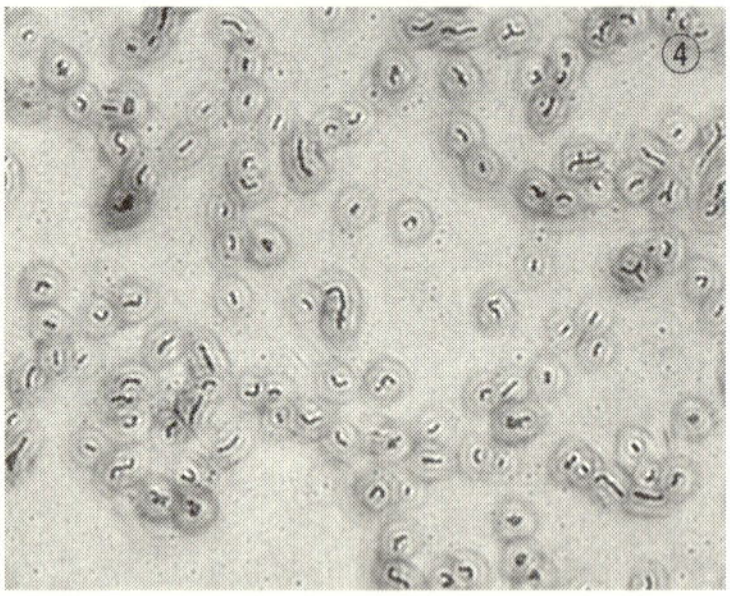

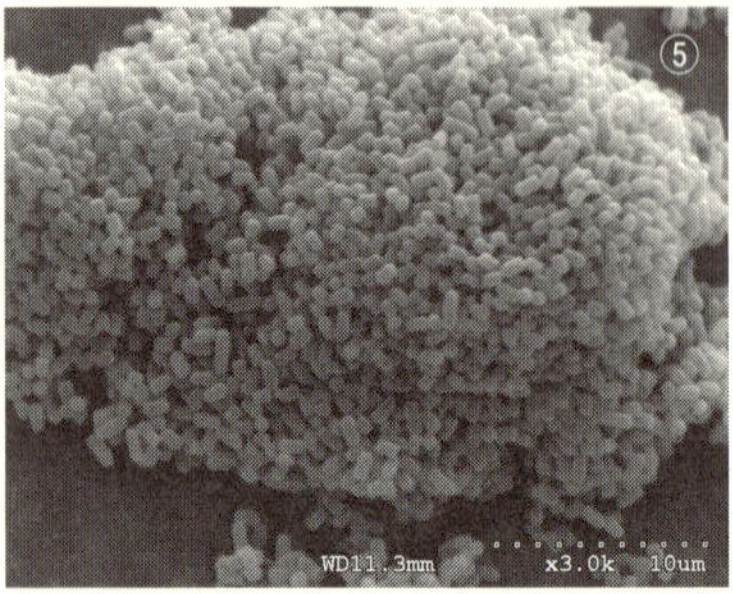

＜主な NS 乳酸菌＞

① NS9 株（ファーメンタム）
② NS8 株（ヘルベティクス）
③ NS7 株（ロイテリ）
④ NS6 株（カゼイ）
⑤ NS5 株（プランタラム）

（写真提供：中国科学院遺伝研究所）

一番重要なのは、生きた桿菌を入れることです。腸に入ったらすぐに繁殖を始めてどんどん増えていくことが大事です。

それに、そもそも球菌は腸内の共生菌であり、わざわざ飲まなくても腸内にたくさんあります。糞の中からも大量に検出されて、そこから分離したものを使っています。球菌が足りなくても、菌の栄養物質を摂ればすぐに増やすことができます。わざわざカプセルにして飲む意味がないのです。

一番腸に入れたいのは、もともと腸内に少ない菌で、いい菌です。大きな菌で、球菌の10~100倍の大きさ、遺伝子の数も多く、ビタミン等を多くつくる菌です。以前は私達も数に挑戦しましたが、球菌より100倍も大きい、マッチ棒のような菌を規則正しく並べることは無理でした。生きている菌を腸まで届ければ急速に増えるので、数の心配はありません。潰瘍の中に入ってしまう心配もない安全な菌です。

腸内で余分なものを消化させる

現代の人間は、食べ過ぎの人が圧倒的に多い。ですから腸内で余分なものを消化してもらう必要があります。人間が乳酸菌をとる理由は、腸の中の整理です。整理してはいけないものを整理しては逆作用になります。そのために、植物を分解する乳酸菌はあまり使わないほうがいいのです。果物や野菜ジュースの中にわざわざ植物を分解する乳酸菌を入れる例もありますが、整腸のためには、逆に悪い影響を与えるかもしれません。食物繊維は小腸で分解されなくても、大腸でしっかり分解され糞を形成してくれるのです。

現代人は強い肉体労働をしません。重いものを運ぶような仕事だったら、二人分の弁当を食べてもいいのですが、座ったままの仕事なら、通常の食事でさえ多いくらいです。その多い食事を消化するために、バクテリアの力を借ります。学者の立場から言うと、余っているのは繊維ではなく、脂質、タンパク質、炭水化物なので、それらを消化する力のある乳酸菌を選ぶのが正しいのです。ラクトバチルスファーメンタムのファーメンタムというのは、ファーメンテーション――細かく消化して、吸収、排出することを意味します。これは、発酵する乳酸菌です。

人間には桿菌がいいのです。私は、発酵乳桿菌の中で一番サイズの大きいもの選びます。遺伝子がわかっている10～12種類の桿菌で、顕微鏡の中で見て、大きいサイズのものを選びます。

病原菌と戦う乳酸菌

豚は生まれてからわずか半年で100キロもの体重になります。養豚の世界では、1本の右肩上がりの成長線を描くように飼育するのが一番効率的です。そのために、北京郊外の実験農場では、エサに乳酸菌を混ぜて食べさせています。しかし、同じ考えを人間に適用することはできません。人間の場合は、体重をできるだけ50年間ほとんど変わらないように、一定に保つことが大事で、過度な栄養吸収は避けなければなりません。ですから、人間の場合は、なるべく食事との時間を空けて、食べ物が腸に移動してから、乳酸菌をカプセルで飲むのが一番効率がいいのです。こうすると余分なカロリーを摂取することもなく、腸の整理ができます。そして、アンモニアと硫化水素をアミノ酸に換えて、便を無臭化して出せばいいのです。

一方、呼吸道には、球菌と連鎖球菌を入れます。強酸の有機酸プラス生菌で人間の免疫力を高めます。

乳酸菌は独立した生物で、人間の一部ではありません。人体の表面に付着すると、免疫を刺激します。ちょうど、あるグループに知らない顔の人が入ったら、出ていってくださいというように、病原菌が入ってきたら、すぐにキラー細胞がやってきて戦います。そして、キラー細胞が病原菌との戦いに負けてしまった場合、感染症になります。同じように、乳酸菌がやってきても、キラー細胞が集まってきますが、乳酸菌は刺激するだけで戦いにはなりません。体の表面に乳酸菌を与えると、人間の体は外来物としてある程度は抵抗するけれど、免疫力は強くなります。抗生物質を塗っても、抗生物質は生物ではないので、キラー細胞や免疫細胞が寄ってきません。一般的に、人間の細胞は、ほとんど外来の化学物質、抗生物質には反応しません。例えば、食虫植物は砂が入っても全く反応しませんが、ハエが入るとすぐに反応するようなものと同じだと言えます。

酸度の強い乳酸化物を出す球菌を選んで培養し、十分に発酵させると、pH2～3の有機酸ができます。この有機酸の成分は90％以上が乳酸で、ほかに酪酸やプロピオン酸等が含まれています。培養の過程で、球菌は1ミリリットル中

３０００億個まで増えますが、十分に発酵して菌のエサがなくなると、１ミリリットル中30億個くらいまで減り、活動をやめて寝た状態になります。

感染症の予防に効果があるのは、菌なのか有機酸なのかを調べるために、有機酸を高温殺菌したものを噴霧してみましたが、それでも効果は確認できました。

さらに、生きた菌が人間の表面に触れると、体は異物と認識して、免疫細胞が働いて、体を守るために常に外来菌を監視するようになり、免疫機能が活性化します。ちょうど、会社のガードマンと一緒で、誰も人が来ないと眠くなってしまいますが、頻繁に人が行き来すると常に緊張して仕事をします。

培養の際、私達は有機植物の培地にこだわりますが、万が一、農薬や科学肥料が含まれていても、発酵の過程で、毒性のもととなるリンや硫黄、窒素などは乳酸菌のエサとなり、農薬や化学肥料の成分は検出されなくなります。

よく乳酸菌で、pH２・５の強酸はつくれるはずがないということを言われます。それは単なる固定観念で、乳酸菌の培地の素材を決めてしまっているからです。常識にとらわれずに、様々な培地を試してみれば面白い結果が出ます。人間は、食べるものによって当然糞が変わります。乳酸菌の定義は「乳糖から乳酸をつくる菌」ということですが、乳酸菌は、タンパク質、炭水化物からも有機酸をつくります。ミルクだけではなく、豆腐、豆乳、ごはんもそれぞれ乳酸発酵します。それが面白いところです。

乳酸菌がたくさん乳酸化物を出して、腸内の酸度が高まると、腸の運動は連続蠕動（ぜんどう）になり、便通がとても良くなります。蠕動が断続的だと、便の形が悪くなりますが、こういう状態が長くなると、硫化水素などの悪い物質を吸収し過ぎることになり、糖尿や直腸がんにかかりやすく、怒りっぽくなったり、イライラしやすくなります。

また、外傷の傷口に発酵の進んだ抗生性乳酸菌をつけると回復が早くなることもわかりました。傷跡も見えにくくなります。

傷口は感染しやすい状態です。そこに乳酸菌をまいたら、抗炎症と免疫刺激の功能によって、人間は感染の恐れをゼロ状態することができ、自分の体力で回復します。また、乳酸菌がつくった抗菌ペプチドは、天然抗菌の作用があります。抗生物質はすべての菌を無差別で殺しながら、免疫機能を弱化させてしまいますが、天然物の抗生性乳酸菌は、他の菌を殺さないけれどもその働きを抑制するので、効果的かつ安全なのです。

4　糖尿病への挑戦

壊疽が治った！

２００３年6月、知人の紹介で、武漢に住むある中年の男女の兄弟が私の研究室を訪ねてきました。

80歳になる母親が糖尿病を患い、病気が進行して片足が壊疽になっているということでした。親指はすでに腐乱して落ちてしまい、大きな穴が空いていました。抗生物質を利用していましたが効果がなく、お医者さんからは、足を切断しないと、あと2～3カ月しか生きられないと言われていました。でも、おばあちゃんはどうしても足を切りたくないといいます。

中国では一つの言い伝えがあります。それは、80歳以上で亡くなる場合、完全な体を天国に持っていかないと、次に生まれる時にハンディキャップを背負わな

2003年6月16日　81歳の老女にNS乳酸菌による糖尿壊疽治療試験が始まった

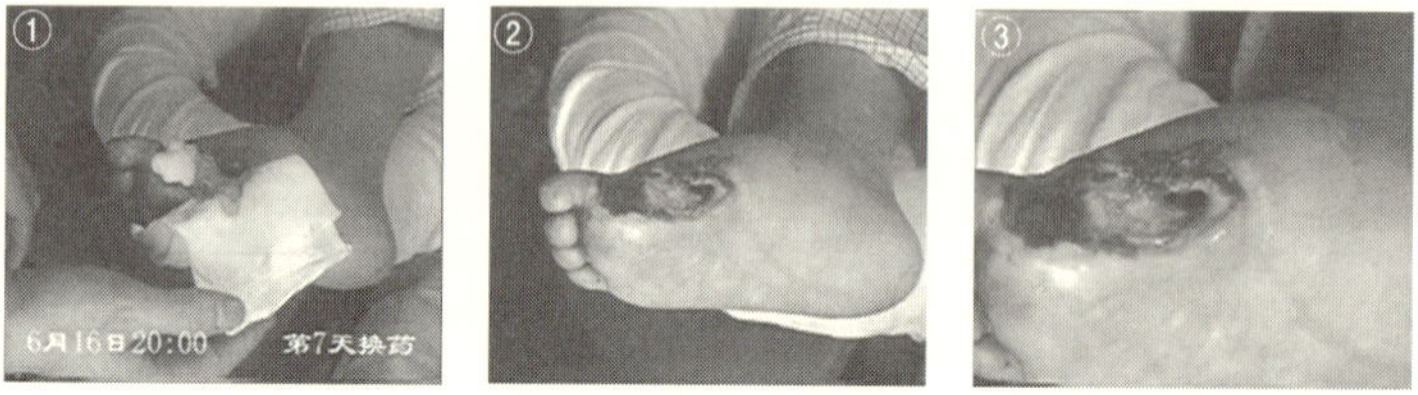

本来であればひざから下を切断しなければならないと言われていた

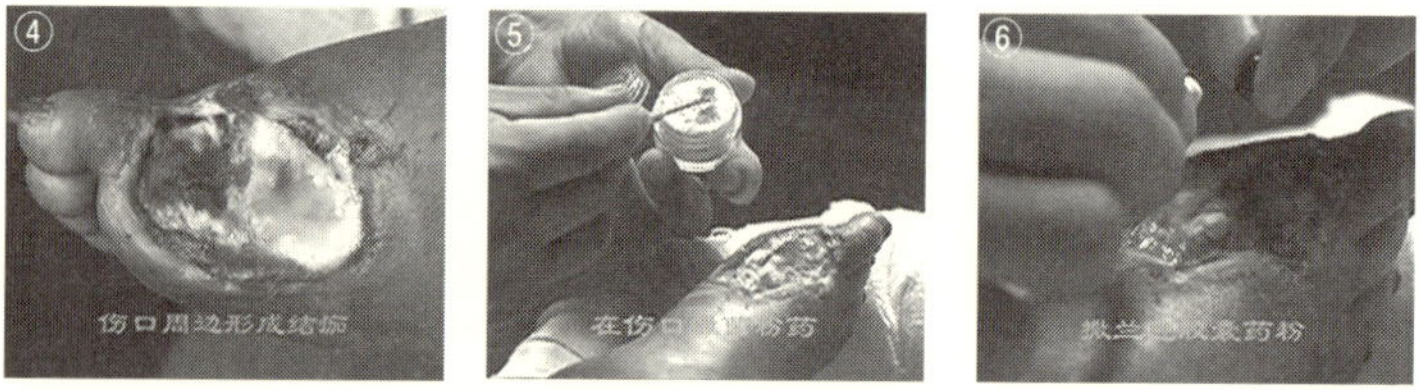

NS乳酸菌治療3週間後、化膿停止

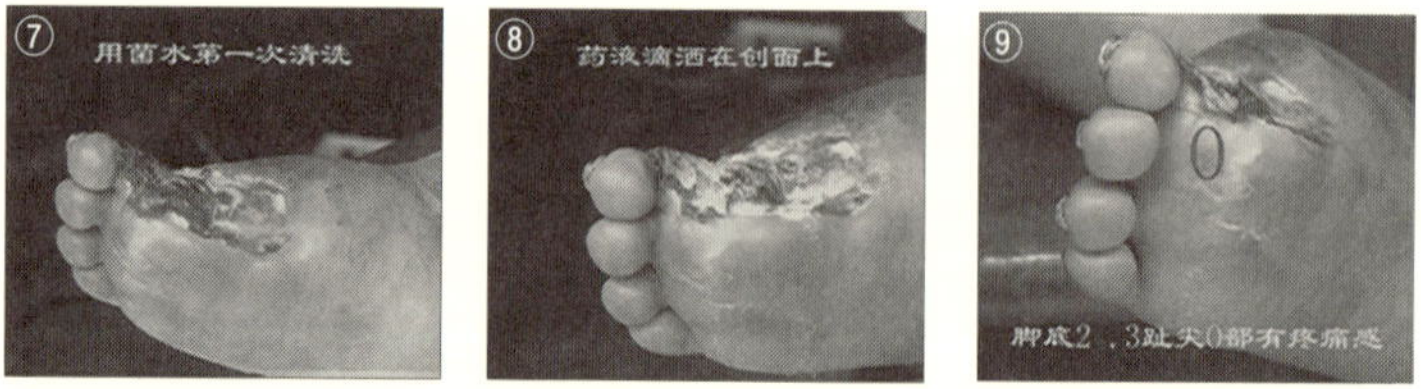

2003年8月23日　2カ月後、彼女は足を切り落とさず自分の免疫と細胞再生で糖尿からの壊疽を治した。知覚神経も戻った。

３カ月後、傷口完全治癒(写真⑨)。彼女は81歳でNS乳酸菌による試験治療を受け、90歳の今も両足で立って歩いている。この間彼女は一切の化学薬剤も殺菌剤も抗生物質も使用しなかった。

ければならないというものです。

私達は効果を確認したいと思ったので、乳酸菌を無料で提供することを約束しました。ちょうど息子さんがテレビ局のカメラマンをしていたので、治療の様子をビデオ撮りしてもらうことを条件にしたのです。

それから毎日、乳酸菌を温水で溶かして、それに痛んだ足をしばらく浸けることを繰り返しました。そうすると、目に見えて傷口が治っていったのです。その様子を見ていた病院の医師達が怒って、医療行為まがいのことを病院でやることは認められないと言いだしました。そして仕方なく退院して、自宅で治療を続けることにしました。

おばあちゃんはその後、順調に回復して、2年後には歩けるまでになりました。ある時、息子さんが偶然病院の院長に会うことがありました。その時、院長はこう言いました。

「お母さんの件は、本当に残念でした」

「とんでもないです。母は元気でいま歩いているんですよ」

それから、病院の医師達は、私達と一緒に仕事がしたいと言ってきましたが、私達は断ることにしました。医療行為に踏み込むことには、まだまだ課題があると思ったからです。

豚で糖尿病の実験も考えましたが、簡単ではありません。糖尿病の豚をつくるには時間がかかるからです。しかし、肉用の豚は、生まれてからわずか6カ月で体重が100キロまで成長します。当然、肥満で病気になりやすい体質で、脂肪肝になりやすいはずです。

同じ体重で、乳酸菌を食べた豚と、食べない豚の肝臓を比べると、肝臓の大きさが20％違いました。乳酸菌を食べた豚の肝臓は、小さくて薄くて色が新鮮です。切っても臭いがほとんどありません。乳酸菌を食べていない豚は、色が深くて、切ったら凄く臭いのです。血の臭いと硫化水素の臭いがします。もし、人間の実験ができれば、同じ結果が出るに違いありません。肝臓の状態がよければ、肝炎を患っても、発症したり、肝臓がんまで進行したりする心配がなくなると思います。心臓も同じで、乳酸菌を常に飲んでいる豚の心臓は、飲んでいない同じ体重の豚より、かなり小さいことがわかりました。

5　幸せをつくる乳酸菌

乳酸菌で自殺を防ぐ

私は豚と接していて、彼らは日頃、人間に対する恨みがあるのだと感じました。いいエサを与えないと、人間が近寄ったら、一目散に一番遠いところに逃げて山なりになります。しかし、乳酸菌を混ぜたいいエサを与えたら、近寄っても、黙って寝ています。眼だけ動かします。豚に触っても、じっとして気持ちよさそうにしています。この大きな違いは本当に不思議です。この結果を見て、私は、乳酸菌で人間の自殺を防ぐことができたら素晴らしいことだと思ったのです。

乳酸菌で豚の性格が変わるんだったら、自殺しようとする人に乳酸菌を与えると、自殺をやめさせることができるのではないかと考えて、私は2005年に自殺のことを細かく調べてみました。自殺の原因や、自閉症、精神病等をいろいろ研究しました。そして、自殺は、心理的、社会的な原因だけではなく、生物的な要素があるという結論に至りました。社会に「いじめ」は確かにありますが、死ぬまでいじめるということは、ほとんどしないのです。それでもなぜ、人間はこんなに自殺しやすいのでしょう。

2008年2月、アメリカの科学雑誌『サイエンティフィック・アメリカン』に、自殺や精神病は、ウイルスとバクテリアの感染症だという論文が掲載されました。

私が2006年に同様の説を発表しようとした時は、学者達から「それは心理学の知識が不足しているだけだ」と言われました。乳酸菌の働きが人の精神状態まで影響を及ぼすということは誰も言っていませんでした。その話をすると、しばしばこう言われました。

「先生、あなたは教授ですから気をつけてくださいね。他のところで言うと笑われますよ」

当時は審査してくれる人さえいない状態でした。

そういう反応に対して、私は「ありがとうございます。考えます」と答えながら、彼らの忠告を一切無視して、自分の道を歩いてきました。

NS乳酸菌によって病気が治り、動物の行動まで変わることは豚で証明できていたのです。私以外に誰もそこまでの実験はやっていないので、そういう結論にたどりつくことはできません。

日本では、硫化水素が自殺の道具として使われて、すっかり有名になってしまいました。硫化水素とアンモニアは神経毒です。微量でも神経に接すると、イライラしてストレスがたまってきます。腸内で硫化水素とアンモニアが発生すると、体内被曝して、精神的に不安的になると考えられます。逆に、それがなくなると精神状態は大きく改善されます。

豚での実験からわかってきたことは、通常の養豚では、消化の過程で硫化水素とアンモニアが大量に発生します。これらは強い神経毒で、大量に吸収すると死に至ります。もちろん、微量でも神経と接触するとよくない影響を与えます。腸内で発生したアンモニアや硫化水素は、腸内の神経を被曝し、慢性中毒になります。気分が優れなかったり、集中力がなくなったり、怒りっぽくなったり、うつ病や自殺に至るというのも、これらの神経毒と密接な関係があると考えられます。

人間には同じ実験はやりにくい。人間は自分の脳しか信じない人が多いからです。自分の腸の気持ちは一切考えていません。人間は真実の感情を隠して、怒ってもニコニコすることができます。好きか嫌いかの判断が難しいのです。豚は感情を隠しません。だからすぐにわかります。

一方で、アンモニアや硫化水素は、アミノ酸の原料でもあります。乳酸菌が活発に活動して健全な消化活動ができれば、これらのガスは、必須アミノ酸や良質なタンパク質になるのです。体内には、食べ物から合成できないアミノ酸があり、必須アミノ酸と呼ばれています。

これに加えて、腸内では神経伝達物質や免疫物質も生成されますが、そのうち、特に大事なのはドーパミンとセロトニンです。これらは人間の幸せ感をつくる物質です。例えば、ドーパミンが足りないと人間は恩をおぼえていられません。他人のいい部分をおぼえておくこともできません。

コロンビア大学の教授、マイケル・ガーション博士は、その著作『セカンド・ブレイン』の中で、人間を幸せにさせる物質、セロトニンの95%が腸の中でできていると指摘しています。

脳と腸を比べたらどちらが賢いかというと、実際に、腸はものすごく賢いのです。脳で食べ物が安全かどうかは判断できませんが、腸ではそれができるのです。また、人間は美味しいものばかり食べたい、飲みたいと思っています。この第一の脳（頭脳）の考えは、第二の脳（腸脳）の考えと違います。第二の脳は、好きなものではなく、色々なものを食べたいのです。第一の脳の考えにしたがって食事をとると、腸内菌のバランスが保てず、病気になりやすくなります。健康維持については、第二の脳のほうがはるかに賢いのです。

例えば、どんなに賢い人でも、ある物が食べられるか食べられないかは、頭脳で判断できません。一方で、食べて消化道に入ったら、それが安全か安全でないかは、消化道の神経細胞が判断できます。人間にとって安全な物でないと、すぐ吐き出したり下痢したりして、なるべく早く人間の体を中毒にさせないための反応を起こします。ほとんどの人が知らないのですが、人間の第二の脳である腸には、頭脳の中に匹敵するほどの数の神経細胞（ニューロン）があるのです。

ニューロンは「考える細胞」と言われます。これまでは、考えると言えば、学者でも頭のことしか思い浮かびませんでした。じつは腸の思考力は、頭脳の及ばないものを持っているのです。脳死しても、人間の生命体は終わりとは言えません。脳死しても、消化道は何年でも何十年でも機能し続けることができます。同じように心臓も動き続けられます。しかし、消化道が完全に死んでしまうと、頭脳の動きも完全に停止してしまいます。

このために、私たちがいつも耳にする「脳死」の争論があるのです。「心臓死」「腸死」のような言葉も一度も聞いたことがないでしょう。腸と心臓が死んだら、人間は必ず脳死になりますから「死亡」と言えます。しかし、脳死なら、植物人間になっても、消化道と心臓は動いているのは間違いないので、医学の世界で死亡か死亡していないかとの争論が二十年前から続いています。

消化道は消化の目的だけで働くのというのが一般的な考え方です。しかし、実際は、人間の感情や気持ちなどを決定する物質はほとんど腸の中でつくられます。腸の中で、食べ物から、人間の幸せと愛情の感覚を維持するセロトニンとドーパミンの前駆体を合成するのです。

ハタネズミでの実験

フロリダ州立大学のブランドン・アラゴナ博士は、興味深い研究をしています。

草原ハタネズミという動物は、たいへん面白い性質を持っています。このネズミは一度結婚すると、婚姻関係がずっと続くのです。犬はそういうことは一切ありません。誰とでも交尾できる動物です。結婚したオスのハタネズミの脳液からドーパミンを分離して、全く関係のない若いオスハタネズミに注射しました。すると、この若いオスハタネズミは、同世代のメスには一切興味を示さずに、ひたすらドーパミンを抽出したネズミの奥さんに求愛し続けるのです。

ハタネズミのつがい

この実験から、ドーパミンは幸せを記憶する物質だということがわかりました。幸せというのは、心地よい記憶ということです。他人のいいところをおぼえている物質でもあります。もう一つのセロトニンも、幸せやいい気分、働く気持ちをつくる物質です。セロトニンが足りないと、疲れやすく、集中力が持続しなくなります。これらの物質は過労死とも密接な関係があります。ドーパミンやセロトニンは、自分の想像を超えるような精神的なショックがあると、体から一挙に少なくなってしまいます。人間の精神的なキャパシティというのは、ここで決まります。

２０００年のノーベル賞医学生理学賞は、ドーパミンの研究をしたアービッド・カールソン博士が受賞しましたが、博士の研究では、ドーパミンは、神経の電子伝導物質として認識され、人間の脳の性欲、感覚、興奮のメッセージを伝える機能を持ちます。人間が好きになってやめられないものを記憶する物質です。麻薬や酒、たばこをやめられないのもドーパミンが関係しています。それらと同じように、ドーパミンによって愛情も深く記憶されるのです。好きなものを長く忘れず、いつもパートナーを思い出して、他の誘いを抑えることができる物質ともいえます。逆にドーパミンが足りないと、愛情とセックスのパートナーを分離できるのかもしれません。

つまりドーパミンは、人間の愛情をつくる物質なのです。ドーパミンが十分あると、一人の異性に愛情が集中して、愛情を持ち続けることができます。足りなければ、いろんな人とセックスするようになります。いい腸内菌が多ければドーパミンが増えて、みんなおとなしくなって、愛情は集中して持続するようになります。

ドーパミンやセロトニンの合成は、食べ物とバクテリアで決まります。自殺、うつ病、自閉症の人の特徴は、好きなものばかり食べて、乱れた食生活になっている場合が多いのです。

乳酸菌が腸の中で食べ物を分解して、ドーパミンやセロトニンの前駆体をつくって、神経で脳まで送られます。脳は妊娠した子宮の中の胎盤器官と一緒で、すべての化学物質をガードして入れないようにしていますが、小さな前駆体は、血液脳関門（ＢＢＢ）から神経細胞によって脳に届きます。

乳酸菌で浮気を防ぐ？

人間は、哺乳類動物としてはネズミと全く同じです。すぐに感情を移してしまうというのは、食事の仕方や腸内菌が悪い可能性があります。私は、この説は正しいに違いないと思っています。

イギリスの学者が興味深い研究をしています。大勢のカップルの統計をとって、人間の愛情のタイムテーブルは2年しかないという結論を出したのです。

通常、結婚後すぐは、誘惑があっても他の異性に愛情を移すことはありませんが、2年経つと、他に愛情を移してしまうカップルが飛躍的に増えてしまいます。これは、哺乳動物としては、ドーパミンが足りなくて、愛情の記憶が薄れてしまうからだと考えられます。ドーパミンがもっとあれば、変わらずに愛情を維持することができます。ドーパミンが多ければ、良いことをずっと記憶できるのに、足りないと悪いことばかり思い出すようになるということです。

このことを裏付ける実験が秋田県の動物園で行われました。

2012年11月、秋田県立大森山動物園で、アフリカゾウ、ボリビアリスザル、ニホンザル、ピューマにNS乳酸菌をエサにまぜたものを食べさせました。これには理由があります。特に外来種の動物についてですが、現在、野生の動物を輸入するには条約で大きな制限があり、以前のように自由に輸入できなくなっているのです。そのため、現在動物園にいる動物が繁殖しなければ、その動物の寿命とともに、人々はその動物を見ることができません。大森山動物園ではピューマが人気ですが、ピューマはなかなか交尾せず繁殖しません。したがって、動物園にとっては将来の存続も危惧されます。ふつう動物園では、長年の飼育経験などから、エサを変えるかあるいはエサに何かを添加することには極めて慎重です。

NS乳酸菌が養豚や養鶏で、臭いの軽減などによい結果を出しているといっても、野生動物でのデータがありませんから、慎重にならざるをえません。しかし、何年も交尾せず繁殖が期待できない現状では、何かをしなければ存続が危ぶまれるのです。

そこでNS乳酸菌の実験にOKが出たわけです。その結果、同年12月末に、ピューマの交尾行動が確認されました。動物、とくに野生動物は、発情しなければ交尾しません。人間とは大きく違うところです。幸せ感や情動に、何らかの変化があったことは言うまでもありません。その後、ピューマは流産したけれど再び交尾行動があり、現在は二世の誕生を関係者一同が大きな期待を寄せているところです。

私達人間や動物の行動をコントロールするのは、脳による思考よりも、腸内のバクテリアがつくるドーパミン、セロトニンの作用が大きいとすれば、まさに頭脳がすべてを支配しているという定説の革命的な転換だと言えます。

6　ウイルスとの共生

がんになる前の状態に初期化する

１９６０年代は、科学の力ですべての問題が解決できると信じられた時代でした。その頃、あと20年あれば、がんが完全に治療できると言われたものです。ところが、80年代になっても全く解決の目処は立ちませんでした。その頃も21世紀になったら治せるようになるだろうと言われましたが、いまはもう２０１４年です。

人々はがんが発見されると、死刑宣告を受けるような響きがあります。エイズも同様ですが、ウイルスが原因の病気は治療がたいへん困難です。そういう病気が以前より多くなったというのは、抗生物質や防腐剤の使い過ぎで、外から侵入するウイルスやバクテリアに対する防護柵が壊れてしまい、自分で自分を守れなくなっているからです。

がん細胞は炭水化物を大量に消費すると言われており、がんの治療には、タンパク質を増やした食事をして、抗がん剤と放射線の治療をするというのが一般的です。

そうやって1〜2年治療して、お医者さんから「もう、治療の方法がありません。あと1カ月か2カ月です」と言われると、患者は退院して民間療法を試みます。いろんな治療方法を探している中で、私達のところに来ます。その時は、抗がん剤は、飲んでも飲まなくても、あと2カ月の命という状態です。

こういう患者さんを私達が生き返らせるのは、やはりとても困難です。あと数週間と言われた人が、それから1〜2年生きたという例はあります。すべての人に言いたいのは、やはり、がんにならないこと、日頃からよい乳酸菌を腸に入れて健康状態を保つのが一番です。また、がんになっても、すぐに乳酸菌を飲みだしたら、体が回復する可能性が高いのです。

乳酸菌ががん治療に効果があるという報告は、すでにアメリカ、中国、ヨーロッパでされています。私たちもがんについて、華南医科大学に委託研究をしました。そして、化学薬品と乳酸菌をあわせて治療すると、かなり治癒の確率が上がったという結果が出ています。

現在、日本のいくつかの医療グループでも、がん治療や手術後の予後や緩和ケアの一環としてNS乳酸菌を使って臨床研究してもらっていますが、結論からいうと、すごく良い結果が出ているということです。一つは、抗がん剤や放射線治療などで腸内細菌がズタズタにされていて、たとえいい食事をしたとしても、消化吸収ができない患者さんがすごく多く、そういった患者さんの腸内菌を整え、早く体力を回復させる意味でもNS乳酸菌は効果があります。また、NS乳酸菌によって腸内菌が善玉菌優位になり、悪玉菌やがんウイルスの増殖を防ぐ機能もあるからだと思われます。

これらの医療機関での臨床研究では、インフルエンザなどのウイルス性疾患、アトピー性疾患のほか、糖尿病などの生活習慣病、あるいは難病などでの効果も研究していますが、いずれも有効な結果が出ていますので、今後はさらに多くの医療機関で活用されることになると思います。

ただ、乳酸菌は医薬品ではありません。医薬品は、化学記号で表記されるある特定の単一物質が、その疾病や部位にどのように作用しているか、同時に安全性がどうかが問われますが、天然物である乳酸菌は単一の物質ではありませんし、化学記号で表記されるものでもありません。しかしながら、乳酸菌が人間や動物と共生して多大な良い働きをしていることは多くの試験研究の結果からも明らかですし、安全性も化学合成された医薬品よりもはるかに安全であることも明白です。がんや難病、生活習慣病の治療薬の限界が指摘されている今日、医薬品の概念や規定を根本から変える必要があるのではないでしょうか。

私が一番大事だと思うのは、体を初期化するということです。がんになったら、なる前の常態に戻すために、乳酸菌と乳酸菌のエサとなるメイトをたくさん体に入れます。この治療の中で、実際に何ががんに効いているのかを知るには、さらに何十年もかかると思います。

いまでは、がんはウイルス感染と密接な関係があることが明らかになっています。ＮＰＶ（核多角体ウイルス）ががんの原因であるのは間違いありません。肝臓がん、腎臓がん、膀胱がん等は対応するウイルスが判明しています。バクテリアは人間の体の表面にいて、生物と寄生や共生の関係をつくりますが、ウイルスは細胞と組織の中に入っていきます。さらに、生物の遺伝子の中にまで入ることができるのはウイルスだけで、他の生物が遺伝子に入ることはできません。

ウイルスが細胞の中に入って、正常な遺伝子を破壊すると、細胞ががん化して死ななくなり、増殖が続けば大きい腫瘍になります。通常、細胞はおよそ50回細胞分裂を繰り返すと死んでしまいます。この50回の周期が生物の寿命になってきます。50回の分裂が終わったら、ほとんどの器官が古くなって、命の終わりがやってくるのです。人類の長寿の方法を探る一つの方向として、細胞の50回の分裂の時間と周期を長くすることも考えられます。

ＨＰＶ（ヒトパピローマウイルス）の一部や鳥インフルエンザ、肝炎のウイルス等は、有害なウイルスの代表例で、重い感染症になって初めてウイルスの存在に気がつきます。また、感染したら太るウイルスもあります。食べても体内でエネルギーが燃焼しなくなって太ってしまいます。食事に大きな変化がないのに急に太る場合、このウイルスに感染している場合があります。

すべての人間はウイルスを持っている

有害さばかりが強調されるウイルスですが、実際は、私達は知らないうちに毎日のようにウイルスに感染しているのです。表面上は何も変化がないだけなのです。ウイルスにも無害なものと有害なものがあり、ほとんどのウイルスは、人間にとって無害です。

人類学、遺伝学の研究に欠かせないJCウイルスというものがあります。ふつう、遺伝子は親から子へと垂直的に伝わり、ウイルスは水平的に感染しますが、JCウイルスというのは、親から子へと感染するウイルスです。2歳までに感染し、一度感染すると、違うタイプは感染しません。授乳の時や、トイレやお風呂等で感染するので、90％以上の確率で自分の家族から感染し、腎臓や膀胱の中に濃く存在し、尿から検出できます。このJCウイルスを調べると、人間集団がどのように移動してきたかがわかるのです。このウイルスは99％中性で、基本的に病原性はありませんが、エイズ等に感染して免疫力が低下すると、猛威をふるいます。

ヘルペス・ウイルスもJCウイスルと同じように、90％以上の人が持っていますが、ふだんは何の影響もありません。しかし、脳神経の中でセロトニンが足りなくなって、気分が優れなかったり、怒りっぽくなったりすると、ヘルペス・ウイルスが働きだして、口内炎になります。

ウイルスと戦うことの無意味

そもそも生物の遺伝子に侵入して、ＤＮＡの配列に作用を及ぼすことができるのがウイルスであり、ウイルスの存在なしに、生命の進化はなかったとも言えるのです。ウイルスはただの悪者では決してないのです。

人間の遺伝子の塩基の数は30億ありますが、このうち97％はジャンクＤＮＡといって、機能がはっきりしない遺伝子です。ウイルスがジャンクＤＮＡに当たっても、ほとんど影響がありません。これは共生の関係にあると言えます。

しかし、例えばエイズになって、免疫機能が著しく低下すると、それまで何もしなかったウイルスが働きだして、臓器にさまざまな悪いものをつくっていきます。ウイルスが細胞の中で人間の遺伝子の細胞分裂の制御機能を破壊したら、死なない細胞になります。その細胞がどんどん増殖を続け、がんになります。

ウイルスは極めて小さいので、いつ、どこで感染するのかはわかりません。ほとんどのウイルスが感染するのは中性下であり、極酸性の下では感染しにくいので、病気になる前に、極酸性の発酵した有機酸で人間の表面をガードしたら、感染しにくくなります。常に体の表面（消化道、呼吸道、生殖道も含む）を酸性に保っておくことが、ウイルス感染を防ぐ重要なポイントです。感染症を防ぐには、できるだけたくさんの菌で体の表面をコーティングすればよいのです。そういう状態だと、悪いウイルスやバクテリアが近づいても、中に入ってくることができません。コーティングが穴だらけだと感染してしまいます。

ウイルスは一度感染したら体から出すのは不可能です。しかし、キャリアのまま病気にならないことは可能で、そうやって日常生活を送る人は少なくありません。その状態を私は共生共存と言います。国連の宣言文の中で面白い表現があります。

「我々人間は地震のような自然災害と闘うのは不可能です。自然を変えることはできません。しかし、我々人間は、自然と自然の災害から共生、共存することはできます」

その言葉の「自然」を「ウイルス」に置き換えても当てはまると思います。人間はウイルスや病原菌と共生、共存して、発病しないようにすればいいのです。乳酸菌と悪い菌が戦うのは、囲碁で説明すればわかりやすいでしょう。プロ同士が囲碁で対戦すると、碁盤の白と黒の数は拮抗しますが、プロと素人が対戦すると、碁盤はあっという間に一色になってしまいます。バクテリアの世界もちょうどそれと似ていて、高い機能を持つ乳酸菌を腸内に入れると、あっという間に広がって、悪い菌を取り囲んで勢力範囲を狭めてしまうのです。

発症させなければウイルスは無害

豚の研究を続けて、病気については10年間データをとってきました。中国の獣医学研究所と、地方の人民政府の役人達がその結果をみて、はっきりと乳酸菌の効果を認めました。隣の養豚場で伝染病が蔓延していても、乳酸菌を使った養豚場では全くない。同じ村の中で、２００メートル離れた養豚場で70％死んでも、こちらの養豚場はわずか５％、自然死亡率を保っています。またはウイルスが検出されても発症しない。そういう実例は、共生共存の証拠になります。また、豚の実験は大きな集団で行うので、そのデータはとても確度が高いものになります。

残念ながら、人間に対してはそういう実験はできないので、正しいデータは永遠に得ることができません。

豚の飼育で乳酸菌を使う場合、エサに混ぜて発酵して食べさせる方法と、それに加えて、乳酸菌を水で薄めて豚舎に噴霧する方法があります。エサのみの場合は、死亡率は10％まで低下させられましたが、噴霧を加えるとさらに下がって、3〜5％になります。5％で、動物としては自然死亡率になるので、病気は完全に予防できた状態ということができます。

なぜ、乳酸菌の液体を噴霧すると病気を抑えることができるかを研究しました。ウイルスや病原菌を抑えるのは、ペプチド（さまざまなアミノ酸がつながってできた分子群）なのか有機酸なのかがわからないからです。

まず、発酵した液体をろ過して、さらに高温殺菌して、ペプチドを全部殺してから噴霧しました。すべての酵素を殺して、それでも有効だったら、ペプチドが病気を抑えているのではないことがわかります。ペプチドを殺して噴霧しても、効果は変わらなかったので、原因はペプチドではありません。

ならば原因は乳酸ではないか？　ということになりました。次の実験として、化学合成した乳酸を噴霧してみました。すると、豚は拒否反応を示しました。人間はお酒は飲めますが、化学合成したエタノールはとても飲めません。それから私は、がんの研究をしている友人に頼んで、この化学合成した純度99・99％の乳酸を小動物に注射してみました。すると1分も経たずに死んでしまいました。同じように、乳酸菌の発酵からつくった乳酸を注射すると、動物には何の変化も見られません。

東大グループの研究によると、人間の血中のpHが0・2変わると、神経系統が乱れます。さらに0・3～0・4変わると危険状態になって、0・5変わると死んでしまいます。

しかし、私がNS乳酸菌による発酵でつくったpH2・5の乳酸を動物に点滴しても、死ななかったのです。これは驚くべきことでした。

インフルエンザにも極めて有効

私は、NS乳酸菌で発酵したものが有効なのだと結論づけて、噴霧剤をつくっていろんな人に配りました。噴霧したら風邪をひかないといったら、欲しがる人が多かったので、たくさん配りました。軽い風邪をひいてくしゃみが出る人は、噴霧すると症状がなくなり、毎年インフルエンザに感染する人が、そうならなくなったという声が返ってきました。

私は、人の反応はそのまま信じないようにしています。無料で知人からもらったものには、お世辞でも「よかった」と言います。しかし、確かに効果があったようだという反応は50人以上いました。また、このNS乳酸菌の液体は、決して味や匂いがいいものではないにもかかわらず、もう一度欲しいという人が多かったので、効果があったのは事実のようです。

NS乳酸菌で発酵した噴霧剤は、呼吸道の病気の予防だけではなく、婦人の病気にも非常に有効です。生殖道の感染症は2~3回噴霧すれば、完全に治るという例も多く得られました。

風邪やインフルエンザで死んでしまう豚は毎年5％います。人間もインフルエンザに感染して何もしないと何％かは、病気が重くなります。インフルエンザ自体はそれほど怖くないのですが、怖いのは合併症です。風邪ウイルスも、同じように、肺炎や心筋の炎症にならないようにする必要があります。

病気になっても仕事を休めない人が心配です。安静にしていたら、風邪は薬がなくても自然に治ります。そもそも、風邪に対して薬はほとんど効果がありません。

風邪にかかったらすぐに乳酸発酵した極酸性の液体を鼻と口に噴霧すると、すぐに症状がなくなるという例が多くありました。花粉症が治ったという人も少なくありませんでした。そういう例があっても、中には「きっと抗生物質も一緒に飲んでいて、それが効いたんでしょう」と言う人もいます。でも、豚では抗生物質を使っていないので、確かに乳酸菌が要因だということははっきりしています。

中国では、インフルエンザ・ウイルスを使った実験をするには厳しい規則があって、P3かP4レベル（遺伝子組み換え実験の拡散防止のために規定されている施設などのレベル）の実験室でないとやってはなりません。我々は、実験を中山医科大学で行いました。

ヘモフィラス・インフルエンザ・ウイルスというのは、感染したら出血までする強いウイルスですが、シャーレの中でこのウイルスに感染した細胞を培養して、そこに強酸の乳酸菌を入れると、感染された細胞から、ウイルスの感染ができなくなることが確認されました。

ウイルス感染を防ぐ仕組みはこのように推測できます。ウイルスは、中にDNAやRNAがあって、全体がタンパク質の膜で覆われています。その外側のタンパク質は棒状の形をしています。この棒のうち、ヘマグルチニン

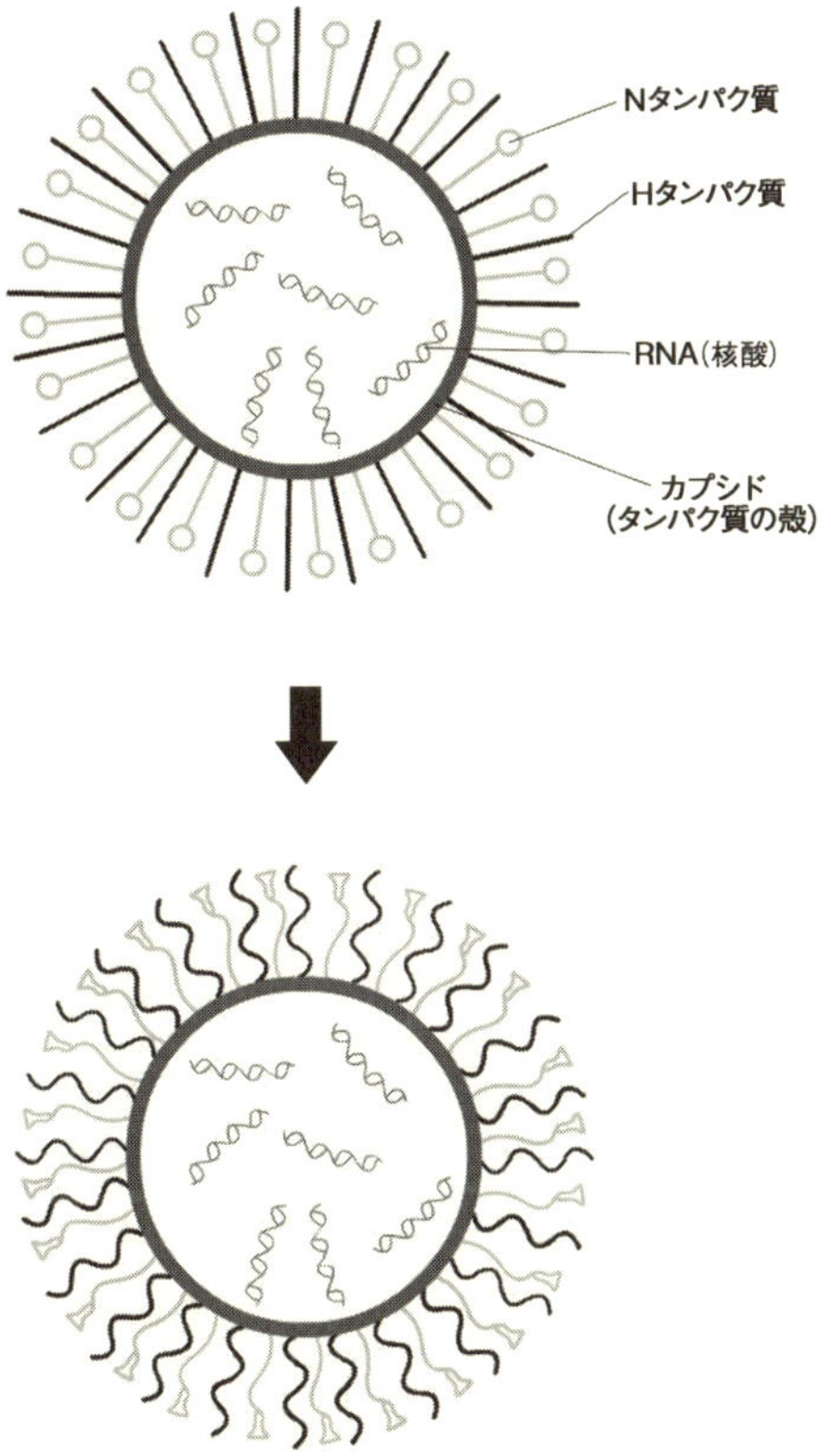

有機酸によるウイルス変質のイメージ

(haemagglutinin) タンパク質とノイラミニダーゼ (「neuraminidase) タンパク質の頭文字をとって、Hタンパク質、Nタンパク質と呼ばれます。

Hタンパク質は、感染できる細胞の表面の膜を認識する鍵を持っています。この鍵を人間または動物の細胞に差し込んで、侵入できると判断すれば、感染します。認識できないと細胞には侵入できないのです。

鶏インフルエンザの場合は、H5N1型と呼ばれます。そのH5タンパクは鶏の細胞の表面タンパクを認識できるということを意味します。H1とH2は人間の細胞を認識できるタンパク質で、H5が人間に感染するというのは極めて稀なことです。一方、Nのタンパクは、動物の細胞の裏の膜を認識します。感染して増殖した後、細胞の中から穴を開けないと外に出ることができません。出られない限り、一度入ったら死ぬまでそこにいるしかないのです。つまり、Hタンパク質とNタンパク質が両方機能しないと、あるいはどちらか一つだけでも機能させなければ、ウイルスは感染することができなくなります。

現在、Hタンパクは1から16まであり、Nタンパクは1から9まであります。その組み合わせによって新しい変種が発生することは、いつでもありえることです。それに対するワクチンの研究開発は間に合わないので、すべての風邪ウイルスに効く方法を考えなければなりません。

タンパク質は特定の構造を持っています。私のウイルス予防策は、乳酸菌発酵による強酸性の有機酸を使って、ちょうどこのHタンパク質かNタンパク質の構造を変えてしまい、鍵の先を折り曲げるようにして、細胞を認識させなくすることです。抗生物質のようにウイルスを殺すのではありません。これで、ウイルスと共存することは可能ではないかと考えています。例えば、トラや狼の歯と爪をとると、犬と変わらないペットになります。そうならば、食べやすいミンチの肉を与えて、殺さなければいいのです。

昔から、酒や酢の工場で働く人はほとんど風邪をひかないと言われています。酢酸が人間の眼や鼻、粘膜について、表面が酸でコーティングされると、ウイルスは感染できなくなります。

日常生活でウイルスの感染症を予防することは極めて困難です。ウイルスを殺すために薬をつくるよりも、ウイルスと共生関係をつくるという考え方をするべきです。ウイルスの表面のタンパク質を変性させるのが一番賢いやり方です。そうすれば、ウイルスは感染できなくなります。人間が被害者にならなければ、ウイルスを殺す必要もありません。ウイルスも生命です。この命を殺しても、他の命に何の影響もないということは、ありえないことです。

ウイルスの外被タンパク質を変性させるのが一番賢い考え方です。一方で、薬で殺菌するのは、一番良くない考えです。殺菌はなるべくやめて、菌と共生にするというのが、私の夢です。いいバクテリアは人間と共生しますし、ウイルスも共生しなくても共存すればいいのです。ウイルスにはなるべく感染しないようにして、もし感染しても、バクテリアでいいビタミンとケミカルをつくって、免疫力を高めていき、細胞の中でウイルスがコピーするのを抑えればいいのです。

ヘルペス・ウイルスは90％以上の人が持っていますが、ふだんは何もしません。JCウイルスも同じです。多くのウイルスは感染しても症状がないのです。ストレス等で人間の免疫力が下がると、人間の細胞の中に毒をつくったり、大事な遺伝子に入って機能を破壊したりします。ウイルスというは、生物の進化に欠かせないものです。人間にとって害悪だとして殺そうとしますが、実際は、有用だったり、無害だったりするのが大半なのです。

7　健康な体と生命共生世界をつくるために

１００％野菜ジュースは健康によいのか

中国とアメリカの考古学者のチームが８０００年前のワインを発見しました。掘り出した土器の中に、乾燥したワインの結晶があったのです。それを分析して、当時の高い発酵技術を検証して、同じ方法でアメリカでビールをつくりました。

古代の人たちが真冬でも死なないように食料を保存する技術は四つしかありませんでした。

一つは乾燥ですが、気候によって乾燥できない場所も少なくありません。次には砂糖漬け。食べ物をすごく甘くするとカビが発生しなくなりますが、糖尿の原因になりやすいという問題があります。塩漬けも保存方法の一つで、魚が痛まないように塩漬けにするなど、世界中で利用された保存方法です。しかし、これも塩分の摂りすぎという問題につながります。最後の方法は発酵です。乳酸、酢酸、リンゴ酸、クエン酸等を使って天然発酵させると、病原菌を抑えて、体にいいものをつくり、保存期間も長くなります。スポーツドリンクには、クエン酸、リンゴ酸がよく使われていますが、乳酸のスポーツドリンクがあってもいいと思います。

先日、こういう方とお話をしました。その人は、健康維持のために、野菜は食べられる量が限られているので、かわりに毎日100%の野菜ジュースを2リットル飲んでいるということでした。私は言いました。

「残念ながら、それは、健康に一番悪いと言わざるをえません」

野菜ジュースは、保存のため、酵母菌を抑えるために必ず防腐剤を入れてあります。私が野菜ジュースを買ってきて、乳酸菌を培養しようとしても、菌はどうしても増えていきません。つまり、かなりの量の防腐剤が入っていることは明らかです。それを2リットルも飲むと、病気でもないのに大量の抗生物質を毎日飲んでいるのと変わりありません。長期保存できるようにつくってある食品はなるべく食べないようにしたほうがいいのです。

ビタミンBとCの発見のきっかけとなったのは、イギリスの船乗り達が長い航海の間に病気になってしまうことでした。しかし、これには疑問が残ります。農家はビタミン剤を飲みませんが、ビタミンが足りないとされる人はいません。じつは、ビタミンより大事なのは生菌なのです。人間の腸の中の生菌が足りなければ、ビタミンが必ず足りなくなります。船乗り達は保存食や缶詰の食品ばかり食べているので、菌を増やすメイトを十分に摂取することができず、病気になりやすかったと言えます。ビタミンは食べ物から吸収するよりも、菌によるビタミンの合成のほうが重要です。ビタミン剤をいっぱい飲むよりも、腸内菌を増やすことのほうが、一番効果があります。

イライラの原因は腸内菌だった

外国に出兵した軍隊も、食べ物から問題が起こることが多いと言います。気候風土の全く違うところに行くと、2～3日なら体も問題ないのですが、1週間も経つと、イライラしてきてストレスがたまることが多くなります。これは、食べ物を体が受け入れないというよりも、むしろ腸内菌が受け入れなくなるからです。腸内菌に必要なエサが与えられないと、働きをボイコットして、腹痛が起こったり、イライラの原因になってしまいます。

このように、健康について、私達は不確かな情報に取り囲まれています。

例えば、高い栄養価があるとされる朝鮮人参、霊芝（レイシ）などは、確かに寿命を延ばすことができるでしょうか？　私は数年前、興味を覚えて調べてみました。それでわかったことは、霊芝、朝鮮人参の産地で、長寿のところはほとんどないということでした。また、烏龍茶は脂肪を取ると言います。でも、烏龍茶の産地は必ずしもやせた人が多いわけではないのです。個人差があって、簡単に結論を出すことはできません。烏龍茶を飲めば、肉など栄養分の高いものをいくら食べてもいいということは決してないのです。やせられるかどうか研究しましたが、烏龍茶しか飲まない人でも、ふつうの人と変わらない生活を送ると、ふつうの人と変わらない病気になっています。味噌汁や納豆ががんに効果があるといっても、日本人の多くが味噌汁、納豆を食べていても、みながんに罹らないわけではありません。

なぜいいのかということをよく考えてみる必要があります。烏龍茶は発酵していい菌がついていますが、お湯をかけると菌は殺されてしまいます。でも、菌がお茶を分解してつくったビタミンとか、フィーネルとか、いいケミカルが残っています。

もう一つお茶のいいところは、あまり綺麗じゃない水でも、お茶を入れると大腸菌を抑えることができます。しかし、緑茶に乳酸菌を入れたら、乳酸菌は発酵しづらくなります。緑茶の中にケミカルはかなりあります。それは人間にはいいかもしれませんが、人間のペットである乳酸菌にはよくないのです。紅茶、烏龍茶のほうが優しいと言えます。

例えば、枯草菌のような天然発酵する菌は、どうして発酵するのでしょうか？あるものにバクテリアがつくというのは、そのバクテリアと共生関係にあるということに他なりません。

豆乳、ミルクが乳酸菌を増やす

もし、部屋の中に、豆乳、豆腐、おかゆ、ミルク、肉、魚の料理を並べて1週間置いたら、食べられるものは、豆乳、ミルク、おかゆしかありません。豆腐も食べられます。しかし、肉、魚といった構成が複雑なものは食べられません。食べたらすぐに中毒になります。

部屋の中での菌の分布は平均していますが、食品には自分が適用する菌があります。ミルクや豆乳は乳酸菌またはいい菌が一番増えやすい。肉では、肉毒菌のような悪い菌が一番多く繁殖します。肉毒菌は人間にとっては有害ですが、多くの動物にとっては悪玉菌ではありません。犬や猫は腸内に肉毒菌を持っているので、彼らにとっては、いい菌、あるいは中性菌かもしれません。ですから、犬や猫などは臭くなった肉でも平気で食べられます。

牛乳は牛の飲み物で人間の飲み物じゃないと言う人がいます。実際は、人間の飲み物ではなくても、腸内菌の飲み物だと言えます。牛乳の消化については、世界中で誤解されているので、きちんとしたことを紹介します。

すべての人間は、成長の過程で、２歳から乳糖を分解するラクテース（Lactase）という糖乳分解酵素の働きを失います。赤ちゃんは、毎日母乳を飲んで、酵素でそれを分解しますが、２歳になると、遺伝子の作用でこの機能をなくしてしまうのです。20〜30年ほど前に、ミルクを飲める人は、遺伝子が完全に休止していないという研究論文がありましたが、それは大きな間違いです。

こうした遺伝子は他にもいろいろあります。例えば、子供時代にひげは生えませんが、成長の過程で遺伝子が目覚めて、ひげが生えるようになります。50歳を過ぎてから眉毛が長くなるような例もあります。

すべての人は2歳で乳糖分解酵素がなくなるので、ミルクを飲んでも消化できなくなります。乳糖中毒と言いますが、ミルクを乳糖分解できなければ、腸内で水素がたくさん発生します。直径1センチの腸が、ガスのために5センチくらいまで膨らむと激しい腹痛に襲われます。また、下痢も起こします。

ミルクを飲めないのは遺伝なのか

一方、人間は酵素でミルクを分解はできなくても、バクテリアは引き続きミルクを分解できるのです。

ミルクの飲める人、飲めない人がいると言われますが、それはこういうことです。乳糖分解酵素は、大人は誰も持っていません。その違いは、腸の中の乳酸菌が十分にあるかどうかなのです。菌が足りないと分解できない。それで、飲める人、飲めない人がはっきりと分かれてきます。

こういう実験をしたことがあります。あるおじいちゃんがやってきて、「私は絶対に牛乳は飲めません。遺伝子を持ってないんです」と言います。「遺伝子は誰も持っていないんですよ」と私が言いますと、「家族の誰も飲めないんです。だから、これは遺伝です」と言います。

「そうですか…私は遺伝の専門家です。1週間たったら飲めるようにしてあげます。まず、毎日100ミリリットルだけ牛乳を飲んでください。それで下痢しなかったら、2カ月後に200ミリリットルにしてください」

人間は誰でも腸に乳酸菌を持っていますが、消化に十分なほど持っていない人はいます。そういう人は、最初は50ミリリットル、100ミリリットルから始めればいいのです。駄目なら20ミリリットルでもいい。そうすると徐々に菌が増やせます。

腸内に十分な乳酸菌がいない状態で大量のミルクを飲んだら、腸が激しく反応し、不快な感じがするはずです。特にミルクを飲んで乳糖が多くなると、水素が発生して、げっぷが出てオナラも止まらなくなります。ちなみに、ミルクを飲んだ人に風船を膨らませてもらい、その気体をガスの分光光度計で調べると、増えた気体は水素であることがわかりました。オナラもあまり臭いません。

乳酸菌メイトが大切

こういう実験を経て、私は「乳酸菌のメイト」という概念をつくりました。ミルクや豆乳などのメイトをきちんと摂取すれば、乳酸菌を飲まなくても、すでに腸内にある乳酸菌を増やして、バクテリアのバランスを整えることができます。それで健康状態を保つことができます。

部屋でミルクをそのまま置いておくと、ミルクは酸っぱくなります。乳酸菌は良性菌として空中にたくさんあります。空中の乳酸菌が入ったら、一番早く繁殖します。乳酸菌の繁殖のスピードに比べたら、肉毒菌の繁殖はずっと遅いのです。一番早く増えて、他の菌の繁殖を抑えるのを優勢菌と言います。乳酸菌を常に優勢菌にしておくことが、健康の大きな秘訣です。

私には、病気の治療の相談が少なくありませんが、私のところにやってくる人のほとんどは、現代医療に見放されて、助かる方法がなくなってしまった人が多いのです。正直、手遅れの状態の人も少なくありません。

乳酸菌を日頃の病気予防に使うのが一番いい方法です。人間の表面を乳酸菌でコーティングすると、悪いウイルス、バクテリアは、直接人間を攻撃できなくなります。病原菌とバクテリアは栄養競争をしますので、日頃、乳酸菌にいいエサを与えて優位なポジションを与えると、病原菌は勢力を広げることができず、病気になりにくくなります。

痛風は腸内から

日本で「五十肩」という症状を、中国では「肩周炎」と言います。年齢とともに腰から背中、肩の筋肉が激しく痛みだす人が少なくありません。肩周炎になると、日常生活に支障があるほどの痛みに悩まされますが、私達の研究では、これは病気とは言えません。アメリカでも症状に名前がついてさえいないので、英語に訳すことができないのです。一般的に、腰痛やひどい肩こりに悩まされる人は、漢方薬を飲んだり、針灸に行ったり、温熱療法をしたりします。しかし、それで一時的に症状が和らぐことがあっても、治る人はほとんどいません。

痛風も遺伝する病気だと言われますが、決してそんなことはありません。この筋肉の酷い痛みの原因は「酒石酸」にあります。酒石酸が腸を透過し、腰や背中の筋肉に入って、肩や四肢まで拡散すると、筋肉の痛みが発症します。有機酸は、人間にとっていいものだと思われがちですが、しかしすべての有機酸がいいと言えません。人間が受け入れられる有機酸は、クエン酸、りんご酸、乳酸だけで、酢酸も薄めたものは大丈夫ですが、高濃度のものは、粘膜に刺激があります。

お酒や肉、海鮮料理といった食べ物には、尿酸化合物の元になるプリンという物質が多く含まれています。こうした食べ物を多く食べていると、酵母菌が過度に繁殖してしまい、代謝物として酒石酸が多くつくられてしまいます。

こうした症状をなくすのは、じつはそれほど難しいことではありません。1週間くらい乳酸菌を飲みながら、完全にシンプルな食生活に変えて、おかゆや豆乳、牛乳ばかり摂り続けることです。そうすると、乳酸菌が増殖して、悪い酵母菌の過繁殖を抑え、酒石酸の過量合成ができないようにしてしまえば、痛みの症状が消えます。

また、栄養の取り過ぎの上に、運動不足になりがちな現代人は、バクテリアを入れないと、腸の中の整理が追いつかなくなりがちです。良質な乳酸菌を腸に入れて、腸の整理を手助けすることが、健康な体をつくるのに欠かせません。

乳酸菌とはヨーグルトのことだと思っている人が少なくありません。それも間違いです。ヨーグルトは販売する前に殺菌処理しているものが多いので、生きた乳酸菌は入っていません。乳酸菌がつくった乳酸化物なのです。実際に市販のヨーグルトを半分食べ、そこにミルクを入れても発酵しないものが多いのが何よりの証拠です。もちろん、しっかり温度管理された生菌のいい製品もあります。ヨーグルトを選ぶときには、殺菌処理されていないものや、発酵力のあるもの（ミルクを入れるとわかる）がよい製品といえます。

生菌をいつも飲んで、入口から排泄口までをコーティングして、病原菌から守るのが一番いいのです。本来の健康の定義は、生理的な健康と心理的な健康の両方そろって初めて健康です。心理的な健康のベースになる「幸せ感」は、バクテリアと密接な関係があります。

行動をコントロールする乳酸菌

5年前、我々の養豚実験で豚の精神的な変化を見ると、乳酸菌が哺乳類動物（人間も同じ）の行動や行為をコントロールできることがわかりました。いま、私達は、生理的な健康に関心を抱いているだけでなく、心理的な健康にも強い関心を抱いています。人間の自殺という行為、精神分裂、二重人格などの原因は、バクテリア及びウイルスと密接に関係があると注目しています。豚がおとなしくなるのは、硫化水素とアンモニアが抑えられたのが原因だという解釈はまだ不十分だと思っています。細かい分子レベルの変化及び作用のメカニズムを解明するまで、我々は研究を続けていきます。将来の私達の幸せ、家族の団らん、会社のいい雰囲気づくりには、バクテリアの働きが欠かせないと私は考えています。

健康を保つためには、なるべく食事と睡眠時間が乱れないようにして、お酒とタバコを控えて、抗生物質はなるべく使わないようにすることが大事です。抗生物質や防腐剤は無差別に菌を殺してしまいます。防腐剤を入れて長期保存できるようにした食べ物も、なるべく使わないようにすることです。牛乳、豆乳など、乳酸菌のメイトになるものをしっかり摂ることが大切です。

乳酸菌の農業利用

乳酸菌は農業にも役立てることができます。

空気がないと人間はすぐに死んでしまいます。水がないと二日間か三日間くらいで死にます。食べ物がないと、人間は一週間くらいで動けなくなります。家や車より食べ物が大事なことは言うまでもありません。いい空気といい水をつくるためには、いい環境が最優先です。私は若い頃、農薬中毒で死にかけた経験があり、生命科学をライフワークとしてきた観点からも、食の安全性には常に気を配り、農薬、化学肥料を使わない農業を推進してきました。

ほとんどの農産物は中性状態で育ちます。甘さがあるのは果物くらいで、これは虫が付きやすい状態なのです。動物同様に、植物も酸でコーティングすれば、虫が付きにくくなります。もちろん、有機酸は動物だけではなく植物にとっても無害です。

こうした農法が確立すれば、農薬に依存せずに安全な農産物をつくることができます。農薬が少なければ、水と空気もよくなります。水と空気がよくなれば、食べ物もよくなり、人間もよくなります。

現在、NS乳酸菌は、広西や北京郊外での養豚実験のほか、日本ではいくつかの養豚場に加え、秋田県の比内鶏の養鶏場でも試験研究を経て実用化され、肉質のよい豚肉や鶏肉が生産されています。鶏卵では、NS乳酸菌を使った飼育による養鶏卵はコレステロールが他のものより20%も低く、この養鶏場では「NS乳酸菌卵」として出荷し、売上を大きく伸ばしているといいます。

また、海外では、タイのカセサート大学で養豚とえび養殖の実験がなされました。ＮＳ乳酸菌をえびの餌に加えたところ、病気が少なくなり、生産効率が飛躍的に向上しています。現在、東南アジア各国では、えびの養殖が絶滅の危機に瀕しています。海水と淡水が混ざる海べりが主な養殖場ですが、ウイルス性の病気が発生すると、その養殖池のえびは数日で全滅します。業者は病気が怖いために、抗生物質などを投与しますが、この効き目も1〜2年しか続きません。ウイルスが抗生物質耐性型に変異し、効かなくなるからです。一度全滅した養殖池は容易に元に戻せません。海水を入れているし抗生物質が大量に沈殿しているため、土質を変えない限り田畑にならないのです。そこで、新しい養殖池をつくるためにマングローブの林を伐採してしまう。こうして自然破壊が繰り返されているのが現状なのです。

インドネシアでは、高品質のサイレージ（発酵牧草）の生産実験を行い、ＮＳ乳酸菌で発酵したサイレージを食した牛は脂肪分が多くなり、タンパク質、アミノ酸が増加し、肉質が向上しました。また、ＴＤＮ（可消化養分総量、Total

Digestible Nutrient）が向上し、エサの消費量が2～3割減少し、一方搾乳量は20％ほど増加することがわかりました。さらに、家畜にとって有害な酪酸がほとんど検出されませんでした（日本食品分析センターによる分析結果）。乳酸菌を使ったサイレージは以前からありますが、雑菌への対抗力が強くないためカビもかなり発生しています。牛がこれを食べるとお腹をこわし病気の元になります。

ウイルス、バクテリアによって人間は進化できた

科学雑誌『ネイチャー』の記事の中で、「Who are we?」（我々は何者なのか？）というものがありました。人間は、細胞の数の100倍のバクテリアと共生しているので、私達人間は「バクテリア・グループ」だととらえることができます。空気と水、食料があっても、バクテリアなしには、私達は生きることができません。すべての病気は遺伝子で解決できるというより、すべての病気はバクテリア・グループと深い関わりがあると言うほうが正しいのです。

いま、日本、中国、アメリカの研究機関が共同で、腸内に500～1000種類あると言われているすべてのバクテリアのゲノムを解析するプロジェクトが始

まっています。ウイルスとバクテリアがなければ、高度な生命は進化できません。腸内のバクテリアのＤＮＡも、我々の進化の途上で共生しているものに違いありません。

遺伝子というのはとても安定した物質なのに、人間は突然病気になります。これはとても不思議なことで、長い間遺伝子の研究をしましたが、解明できないことがたくさんありました。

生物は海中のシンプルなものから徐々に複雑なものへと進化していきました。進化の過程でシンプルな生物の遺伝子をどんどん積み重ねて、私達の遺伝子ができ上がったと言えます。私達の遺伝子の中には、ウイルスやバクテリアと同じものがあり、影響を与え合いながら、一緒に進化してきたのです。地球に生命が誕生したときから、私達はウイルスやバクテリアと共生関係にあるのです。

ほとんどの人間は「きれい」「清潔」と言いながら、実生活では微生物バランスの崩れた生活環境を選び、動物や植物を優しく包む共生微生物には一切関心を持ちません。自分の体の情報さえ十分解っていないようです。

かつて、人類遺伝学の研究では、人間の遺伝子が全部解析できたら、人間は火傷以外のすべての病気は、病院に行って自分の遺伝子の情報が入っているチップを入れたら、治療の情報が全部出てくることになると言われていました。しかし、ヒトゲノムの解析が終わっても、何も解決しないということがわかりました。

抗生物質の発明と病原菌の発生では、常に抗生物質が後になります。やられたらやり返すと、ウイルスやバクテリアは変性して新しいものになり、殺しても殺しても終わりがなくなります。2014年に日本で流行したインフルエンザでは、特効薬タミフルがほとんど効きませんでした。ウイルスがタミフル耐性型に変異したからです。この一例をみても、ウイルスやバクテリアを抹殺することの愚かさがわかります。戦う、殺すという考え方よりも、平和的共存ということを考えて、できるだけ感染させないように、感染しても増殖して悪い物質を出さないようにするのが賢明な考え方です。

医者は、病気になってから治療するのを仕事としていますが、病気になってからでは遅過ぎます。私は、バクテリアと共存して、病気にならない体をつくることを実践していきたいと考えています。

おわりに

2008年末、中国の『北京科技報』に「盤点2008中国十大科技騙局　専門家・家・威逐个掲秘」とのタイトルの文章が掲載されました。その中で、私が一番興味をおぼえたのは、「ヨーグルト豚」という内容でした。中国農業大学の教授が「養豚はプロバイオティックの方法によって、アンチバイオティックの代替はできない」という論評をしていました。

この発言は、私にとってとても残念としか言いようがありませんでした。しかし、私の研究室の学生が「先生、我々頑張りますから、2009年の中国十大科技騙局で、あの専門家が言った事を覆すように努力しましょう」と、新年の抱負として、積極的な発言をしてくれました。こうして、若い博士達がしっかりした知識を持ち、自信をもって研究に取り組んでいることは大きな希望です。

このような発言をみると、中国のプロバイオティックの知識の普及は、日本とは比べ物にならないことは事実です。中国で、抗生物質の使用をやめて、バクテリアとの共生共存の世界を実現することは、諺で言えば「任重道遠（任重く道遠し）」です。

Blowing In The Wind（風に吹かれて）という歌の一節を思い出します。

「How many deaths will it take till he knows that too many people have died? The answer, my friend, is blowing in the wind, the answer is blowing in the wind」（どれほど多く死者が出れば、彼らは人が死んでいることがわかるの？　友よ、答えは風の中にある、風の中にある）

中国のメラミンの事件も同じで、私が思うのはいったいどれほどの人が糖尿になったり、老人痴呆症になったり、心脳血管の病気になったり、がんになったりしたら、衛生厚生管理の人々やお医者さん達が本気で取り組むようになるのでしょうか。答えが風の中にあったら嬉しいと思います。

私たちは２００３年から、ＮＳ乳酸菌の発想元となった乳酸菌で豚の病気を治す実験を始めて、いい結果が出るまで1年間に2代の豚を観察しました。（現在は10年20代）その間、抗生物質をゼロにしても何も問題がありませんでした。その後ＮＳ乳酸菌の整理と実験の証明をさらに5年続けて、10代以上の豚を出荷して一切抗生物質や殺菌剤・制菌剤などの化学物質を使わなくても、養豚ができることを証明しました。

抗生物質で飼育すれば、すべての無責任な物づくりと同じように、簡単です。一方で、微生物を使った飼育は複雑です。乳酸菌を口に入れるだけではなく、耳にも鼻にも入れ、皮膚にも付けなければなりません。とても面倒くさいので、やりたい人が少ないのは事実です。というのも、飼育している人は、自分で飼育したものを食べません。食べる人は自分で飼育はしないので、お互いどれほど危険かを知らずに安心してしまっている無責任な人がほとんどです。

ボブ・ディランの歌の一説を思い出します。

「How many times can a man turn his head, and pretend that he just doesn't see?」（人々は見ているのに、いったいいつまで、見えていないふりをするんだろう？）

これは、人が自殺したり、人を殺すことが簡単になってしまった時代に、人を育てるということは、とても面倒なことだと言っているのと一緒です。面倒でも、自分の子孫を心を込めて育てないと、よりよい未来をつくることはできません。

人も動物も植物も、これはみな同じなのです。

微生物vs抗生物質の戦いは、すべての人に影響する大きな問題なので、見ているのに、わかっているのに、見えないふり、わからないふりはできなくなります。人間は、防腐剤を入れた食べ物、抗生物質を入れた飼育のような無責任な生産を止めなければなりません。

私達の目標は、食べ物用の防腐剤、人間用の抗生物質、環境用の殺虫剤など、人間と共生しているバクテリアを殺すケミカルの使用をやめさせて、温故知新(古きを訪ね、新しきを知る)のごとく、食の循環と微生物連鎖を基本にして、人間の体のもともとのバランスを修復するために、生命科学の立場から新しい微生物の利用方法を研究開発することです。

人類の誕生以来、人間と共生してきた乳酸菌ですが、本書を通して、人間がその機能をよく理解して有効活用すれば、私達の環境を劇的に改善させることが出来るのがおわかりいただけたと思います。

乳酸菌は、まさに革命的な可能性を秘めているといえます。

最後に、この本を締めくくるにあたって、これまでお世話になった方々にお礼の言葉を書き添えたいと思います。

まず、東京大学の尾本恵市先生には、心から感謝いたします。私が共生共存という思想を深められたのは、まぎれもなく東大での5年半の研究生活の賜物です。同時に、この思想は日本文化の根底にあるものだとも思います。

また、私の留学生活を支えてくれたのは、文部省の奨学金、つまり日本国民の税金です。私は、常日頃からそれを何らかの形で恩返ししたいと思い、今回の出版につながりました。日本のみなさんの税金がもとになって、長年つくり上げてきた研究成果をみなさんに共有してもらうのが、一番望ましいことだと思います。

この本は、優れた機能を持つ乳酸菌を紹介するために書いたのではありません。乳酸菌などの微生物を例にとりながら、これらとの共生共存という理念が少しでも人々の間に根付いていくことを願って書きました。

中国科学院心理研究所行為生物学研究室にて

著者

著者略歴

金　鋒(Jin Feng)

1956年、中国内モンゴル自治区フホホト市生まれ。

東京大学理学部修士、博士課程修了。人類遺伝学博士。現在、中国科学院教授（心理健康重点研究室）。

2013年にイギリスの科学雑誌『LIPIDS IN HEALTH AND DISEASE』にNS乳酸菌に関する研究論文『Effects of NS lactobacillus stains on lipid metabolism of rats fed a high-cholesterol diet』（高コレステロール食を与えたラットの脂質代謝に対するNS乳酸菌株の効果）を発表。

著書に『NS乳酸菌が病気を防ぐ』（PHP研究所刊）がある。

乳酸菌革命

2009年2月3日　初　版 第1刷発行
2014年2月14日　第2版 第1刷発行
2020年7月7日　　　　第2刷発行

著　者／金　鋒
発行者／安田喜根
発行所／株式会社 評言社
東京都千代田区神田小川町 2-3-13
M&Cビル3F（〒101-0052）
TEL.03-5280-2550（代表）　FAX.03-5280-2560
http://www.hyogensha.co.jp
印刷・製本／株式会社シナノパブリッシングプレス

ISBN978-4-8282-0535-9 C0045